国家出版基金项目
NATIONAL PUBLICATION FOUNDATION

"十三五"国家重点出版物出版规划项目
世界海洋文化与历史研究译丛

地中海的前世今生
——特提斯洋如何重塑地球

Vanished Ocean
How Tethys Reshaped the World

［英］多立克·斯陀（Dorrik Stow）著
车 忱 译

海洋出版社
2025年·北京

图书在版编目（CIP）数据

地中海的前世今生：特提斯洋如何重塑地球 / (英)
多立克·斯陀 (Dorrik Stow) 著；车忱译. -- 北京：
海洋出版社, 2024. 12. -- ISBN 978-7-5210-1458-7

Ⅰ. P531

中国国家版本馆CIP数据核字第2025TF2878号

版权合同登记号 图字：01-2017-4838

地中海的前世今生——特提斯洋如何重塑地球

DIZHONGHAI DE QIANSHI JINSHENG——TETISIYANG RUHE CHONGSU DIQIU

责任编辑：屠 强 王 溪
责任印制：安 淼

海洋出版社 出版发行
http://www.oceanpress.com.cn
北京市海淀区大慧寺路 8 号 邮编：100081
鸿博昊天科技有限公司印刷 新华书店经销
2025年1月第1版 2025年1月第1次印刷
开本：700 mm × 1000 mm 1 / 16 印张：18.25
字数：175千字 定价：128.00元

发行部：010-62100090 总编室：010-62100034

海洋版图书印、装错误可随时退换

多立克·斯陀（Dorrik Stow）是国际知名地质学家和海洋学家。他目前是赫瑞－瓦特大学（Heriot Watt University，位于爱丁堡）的地球科学教授，爱丁堡地下科学与工程联盟（the Edinburgh Consortium of Subsurface Science and Engineering，ECOSSE）的主管。他的研究方向包括能源、环境变化、深海和气候。在工作中，他考察过所有大洋，访问过 50 多个国家，在各地做过大量讲座。发表论文 200 余篇，出书 8 本，包括《海洋百科全书》（*Encyclopedia of the Oceans*，牛津大学出版社，2005）。

献给

克莱尔

译者序

特提斯洋，名字取自希腊神话中的一位女神，是一个存在超过2亿年的大洋，在漫长的地质年代中，对全球地貌、气候和生物演化起过重大作用。她虽然早已消失了，但留下了许多足迹，或是在海底，或是在高山。这本书的作者，一位地质学家和海洋学家，就像侦探一样，在世界各地搜寻这些足迹，试图勾勒出女神的全貌，并还原她消失的过程。在书中，作者还对影响现代人类的重要话题，如能源和物种灭绝等都提出了自己的看法，并预测了5000万年后的地球面貌。作者对到过的许多地方，特别是一些重要的地质景观和联合国教科文组织世界遗产，进行了生动描写，读者也不妨把这本书当作一本旅游指南。

这本书传达的另一个重要信息是地球科学确实非常古老，但它和21世纪的新兴学科一样，充满活力。其标志之一，就是地球科学中还有大量悬而未决的问题，并且这些问题涉及众多学科。例如，书中第7章探讨的恐龙灭绝之谜，至今尚无定论，而且有许多其他领域的科学家也加入了解谜的行列。因此，读者不必把作者的观点当作权威论断。

希望有更多的读者看过这本书后，会关注地球科学和海洋科学，也希望有更多的青少年读者投身地球科学和海洋科学研究。

这本书的主人公，英文名是 Tethys（希腊语是 Τηθύς）。希腊神话中还有一位女神 Thetis（Θέτις），即大英雄阿喀琉斯的母亲，两位女神的名字很接近。实际上，Thetis 是 Tethys 的外孙女（见《工作与时日·神谱》，商务印书馆）。在古希腊，Thetis 的名气比 Tethys 大得多，例如，在著名的荷马史诗《伊利亚特》中，Thetis 多次出现。Thetis 早就有汉译“特提斯”或“忒提斯”。地学前辈在翻译“Tethys Ocean”时，可能把这两位女神混为一谈了，因此，译成了“特提斯洋”。现在有些文献已注意到这点，将其译作“特堤斯洋”。但考虑到“特提斯洋”这个译法早已被我国地质学界接受，我决定从众。这一点，请读者，特别是熟悉希腊神话的读者注意。

承蒙海洋出版社厚爱，给我一个机会，让我翻译这本书，为我国的科普事业贡献一份力量。以前我写过和翻译过一些科普文章，但并没有翻译整本书的经验，因此，欣喜之余，不免战战兢兢。在翻译过程中，深感自己才疏学浅。译文肯定有不少错误，我真诚希望读者批评指正。

车忱

序

本书讲述了一个消失的海洋的故事，地质学家给这个海洋取名特提斯洋。特提斯洋存在了2.5亿年，以赤道为中心，海域广大。它见证了无数海洋生物的兴衰，并且塑造了今天的地球。随着陆地的移动和海平面的上升，特提斯洋的海水淹没了欧洲的大部分地区、亚洲和北美，以及非洲和南美。而当海平面下降后，特提斯洋的海水就退却了。550万年前，由于板块碰撞，特提斯洋不断受到挤压，最后终于消失了。但是，特提斯洋为我们留下了丰厚的遗产，这些遗产或是隐藏在陆地上的岩石中，或是隐藏在海底下面深深的沉积物中。我是一个地质学家和海洋学家，在多年的专业生涯中，我一直在研究陆地上的岩石，或者在海洋上进行海底钻探（这些海底沉积物以前都是特提斯洋的一部分）。经过细致研究，我逐渐积累了大量线索。在工作中，有时我会直接寻找证据，有时会比较和分析不同的观点，力求得到合乎逻辑的解释。这就是科学研究之道。历史上，有许多科学家都在直接或间接研究特提斯洋。他们的研究成果，和我的一样，都变成了科学论文或图书，在世界范围内出版。

证据是无可辩驳的。这是一个真实的故事，至少是基于科学家目前的理解，对事实的合理再现。这不是神话，也不是科幻小说，而是我对特提斯洋历史的尽量忠实的还原。在这段漫长的地质时代中，特提斯洋见证了规模比现在大得多的火山喷发，见证了几乎使所有生物都消失的物种大灭绝以及大灭绝之后令人惊讶的新物种大爆发，见证了造就巨大油田的黑色遗骸，还见证了海水在地球上的大面积泛滥，使陆地缩小到只占地球表面的18%。

在本书中，我试图按时间组织这些地质事件。第1章对岩石提供的线索和信息进行了解释，并介绍了板块构造以及确定时间的方法。后续每章都介绍了特提斯洋的一个阶段，从泛大陆的形成（标志着特提斯洋的出现）开始，一直到特提斯洋变成了位于非洲和欧洲之间的一个干旱的深坑，除了盐层，寸草不生。每章提供的地图有助于读者了解地球表面的演进和变化，特别是每章开头提供的海图都说明了板块运动在相应阶段造成的特提斯洋轮廓的变化。第1章还有一个地质年代表与特提斯洋时间线，读者据此可以了解地质学家对各个地质年代的称呼。对于书中出现的比较专业的地质术语，在书末进行了简要介绍。

除了我自己的研究成果，本书为了重现特提斯洋的历史，还引用了大量同行的研究成果，囿于篇幅，无法详细展开。本书没有像科学论文那样，使用大量脚注或尾注，而是提供了一个延伸阅读书目，对本书涉及的科学原理有兴趣的读者可以进一步阅读。书中还提及一些地质学先驱，以及我的许多同事和朋友，没有他们的工作和帮助，就不可能有本书。

多立克·斯陀
2009年8月

致　谢

克莱尔——感谢你对我的爱和支持，感谢你对我工作的理解和帮助，感谢你陪我进行野外勘探时的快乐和热情，感谢你做我的妻子。也感谢你对本书早期手稿富有洞察力的评价。我的孩子——杰、拉尼和凯亚，感谢你们的爱和年轻人的智慧，感谢你们陪我进行野外勘探时对艰苦条件的忍耐，感谢你们对本书手稿仔细的审读。还有我的父母,特里和吉尔，感谢你们对我做的一切。

在我进行特提斯洋研究期间，有许多机构提供了帮助，包括：英国的爱丁堡大学、诺丁汉大学和南安普顿大学；加拿大的达尔豪斯大学；法国的波尔多大学；位于格拉斯哥的英国国家石油公司；位于伦敦的英国石油公司；位于西班牙马拉加的西班牙海洋科学院。我还要特别感谢位于爱丁堡的赫瑞－瓦特大学，目前我在这里出任爱丁堡地下科学与工程联盟（Ecosse）的主管，该机构为我提供了全面的技术支持，并为我配备了秘书。这也是对我的鞭策。感谢约翰·赖特，本书每章章首图都出自他手。

为了编写本书，我访问了世界上许多科学机构，得到了各地同行的大量帮助。我还有许多优秀的学生和助手，从他们身上，我学到许多东西。书里面提到的具体人名不多，但在此，我要向所有学生和助手表示最诚挚的感谢。我参加过许多地质调查，无论是陆上，还是海上，都离不开后勤服务。在此，我向有关人员表示诚挚谢意。有许多国家机构、国际组织和独立组织为我的各项研究工作提供了财政支持。我在相应的研究报告中已经分别表达过对他们的谢意，但我还要在本书读者面前再次向他们表示感谢。

除了我自己的研究，本书涉及的工作成果基于许多人的研究和想法，在此表示感谢。同时，我要完全对各种研究成果的解释负责。

最后，衷心感谢牛津大学出版社为本书组织的编辑团队，感谢本书的插图画家，感谢本书的审稿者保罗·贝弗利。我还要感谢拉萨·梅农和艾玛·马钱特的支持、耐心和鼓励。

多立克·斯陀

目　录

第1章

海洋女神特提斯

你来自何方？
哪座火山把你造就？
哪片大海把你吞没？
哪朵鲜花是你的前身？
冷酷的冰川把你碾过，
芬芳的花香实难自弃！

——巴勃罗·聂鲁达《天石集》
（詹姆斯·诺兰 英译）

1—2世纪土耳其的一幅古罗马镶嵌画（局部），绘有特提斯和她的丈夫俄刻阿诺斯。河龙盘在他们身上（版权所有：缪森/iStockphoto.com）

海洋对古希腊人而言具有非凡的意义。有了海洋，才有贸易、远征和渔猎，甚至哲学也离不开海洋。不过，恐怕没人会相信“消失的海洋”之类与海洋有关的神奇故事。而这个故事的主人公——海洋女神特提斯，会出现在两千多年后的现代科学中。在五彩斑斓的希腊神话世界中，关于海洋女神特提斯的传说，是那么浪漫、迷人而又充满悲剧色彩，这些迷人的传说仍在继续。如今，许多地质学家和海洋学家穷数十年之功试图证明地球上曾经存在过一处名为特提斯洋的地方。这个过程就像一部侦探小说，不过重要的线索都存在于岩石中，而这些岩石分布广泛，有的在崇山峻岭上，有的却深埋在海底。

特提斯洋曾经是地球上最大的海洋。在她广阔的水域中发生了许多精彩的故事。她哺育了大量奇特的生物，也目睹了它们的灭绝，之后又见证了新生命的爆发。她经历了无数次海底地震和巨大的洋流，特别是在特提斯洋的南缘，地震一度非常强烈，巨大的火山喷发物点燃了夜空。在漫长的地质年代中，她平静的中央环流显得孤独和空虚。然而，在550万年前，她却突然消失了！

许多人听说过“消失的大陆——亚特兰蒂斯”，虽然谁也不知道，它究竟只是个口口相传的神话，还是确实有科学依据。但说到“消失的海洋”，很多人认为更不可能。“一个巨大的海洋怎么能凭空消失呢？”“我们如何可能知道她曾经存在过呢？”每当我和其他行业的朋友谈到消失的特提斯洋，他们就会这么问。我的回答是，海洋是在大陆之间诞生的，之后变得越来越宽广，并且充满了海水，后来又慢慢变小，最终被大陆覆盖。至于它们存在过的种种痕迹，以及海洋中的生物信息，都被岩石记录下来。

科学家经过长期的艰苦工作，对这些岩石中记录的信息进行了地质学和海洋学方面的解读。结果表明，从45亿年前，也就是地球出现开始，有无数的古海洋生生灭灭，例如，泛大洋、瑞亚克洋和伊阿珀托斯洋。特提斯洋是最后一个巨大的古海洋。人类的祖先一次次在特提斯洋的岸边走过。然后，她悄无声息地消失了，取而代之的是现代海洋。在希腊神话中，特提斯嫁给了一条大河，这条河的名字叫作俄刻阿诺斯，这个名字让人感到伟大、迷人而又难以捉摸。

本书试图解读世界各地的岩石中的信息，并据此重建一个消失的世界。这些岩石分布广泛，从摩洛哥到中国，从里海的最深处到珠穆朗玛峰。虽然这些信息不够完美，也不够完全，但已经足够丰富，也有很强的说服力，足以表明，大陆在不断分分合合，山脉在不断抬升又沉降，洋流的变化与气候有关。这些信息也揭示了许多中东石油形成的细节。大陆和海洋的变迁对地球上各种生命的形成有显著的影响，在特提斯洋存在的2亿余年里，这些规律同样在起作用。

在本书中，我希望能为读者提供一条粗略的时间线：2.6亿年前，特提斯洋出现；550万年前，特提斯洋消亡。读者还将看到，地质学家如何使用科学的方法，根据岩石中的信息，重现地球的过去。这是一个关于消失的水世界的故事，一个从未有人讲述过的有趣的故事。本书同时也会涉及地球的板块构造、物种的进化和灭绝，以及21世纪备受瞩目的问题：能源、环境与气候变化。最后一章试图从地史学的角度为当今人类的发展提供一些借鉴。

地球拼图

我研究特提斯洋已经多年。我对相关的神话一直很感兴趣，但更注意搜集有力的科学证据。这些证据可能还比较零散，但已经可以系统地、科学地组织在一起。我的工作很像是在做一个古代地球的拼图游戏，但有许多图块丢失了。我自己找到了一些丢失的图块，但要找到更多的图块，就需要全球科学家的通力合作。

线索是相互交织的，就像我在西班牙南部的安达卢西亚发现的那样。这里气候炎热,传统风情浓郁。线索都搜集齐了，我的工作进入尾声。我即将整理数据，梳理出关于特提斯洋的断续的时间线，并开始讲述那个不寻常的故事。我是来西班牙海洋地质研究院进行学术休假的。该研究院位于安达卢西亚港口，港口的防波堤直插入平静的地中海。每天我都能看到渔民搭晒的渔网和高高摞起来的捕虾笼。水中轻轻漂着的渔船，在蓝色的海面上荡开了一圈圈涟漪。时间似乎在这里凝固了。在海水下面，深深地藏着一条地质缝合线，这条缝合线具有重大的地质意义，可以说，它是洋壳的一道“伤疤”。特提斯洋就是沿着这条缝合线永远消失的。面对着地中海，我能感受到身后的热情和躁动。

现在是8月的福恩吉罗拉海滩，到处是冰镇啤酒、色彩鲜艳的遮阳伞、烤海鲜、沙堡、抹着防晒霜的人体……从这里往内陆走，可以看到内华达山脉国家公园的山峰。上一次非洲和欧洲剧烈碰撞后，夹在两块大陆之间的洋底不但没有下降，反而抬升了，从而形成了这些山峰。至于海滩上的游客，他们听说过“消失的海洋”吗？又有几个人会相信我的故事呢？因此，我将设置一些场景，告诉读者我如何寻找线索，并且根据这些线索能够得到什么证据。随后几章会详细解释相关的科学原理。

板块结构、地震带的分布和火山喷发都能提供许多有关特提斯洋的线索。从大西洋的洋中脊到直布罗陀海峡再到地中海，有一条狭长的地震带，它穿过非洲北部，一直向东伸展，连接着许多活火山，显著地影响着欧洲和非洲。这条地震带和我前面提到的缝合线是重合的。欧洲和非洲两个板块在此处相遇，二者相互冲撞，相互挤压。这些板块的运动极其缓慢，但是作用巨大，造成海洋面积增大，海洋生物也一度繁荣，但随着板块运动的方向发生变化，海洋最后变得越来越狭小，直至消失。板块运动产生巨大的摩擦力和热能，从而导致地震，也为火山喷发创造了条件。

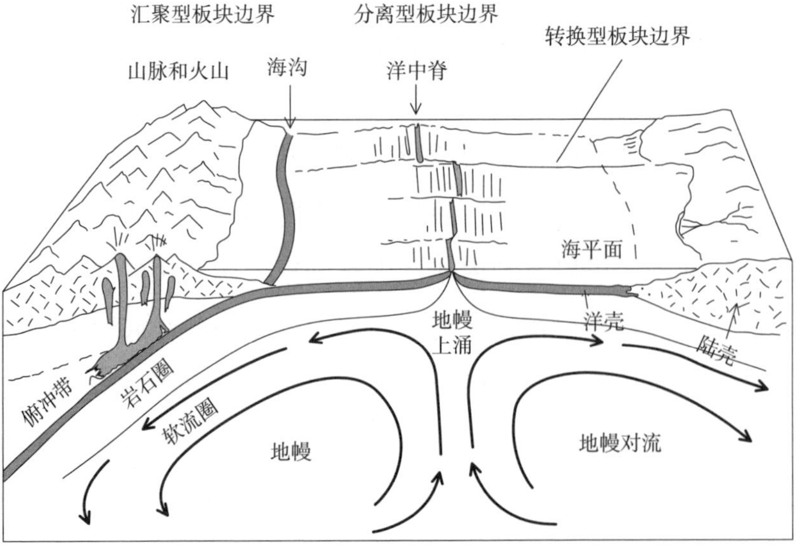

图1-1　板块构造。图中显示了板块的构成，海底的扩张和沉降

这条地震带还穿过土耳其和中东，远达中亚与喜马拉雅山地区，特提斯洋最终沿着这条地震带消失了。地震带上可怕的地震和猛烈的火山喷发给人类带来巨大的灾难。例如，3500年前，圣托里尼火山喷发，毁灭了克里特岛上的米诺斯文明；公元84年（译者注：多数文献认为是公元79年），维苏威火山喷发，瞬间将古罗马的庞培城掩埋；2005年12月（译者注：应为10月），巴基斯坦发生大地震，当地人至今还未从中恢复过来。在地震和火山喷发面前，人类束手无策。特提斯带最终与环太平洋火山带重合，后者是环绕太平洋的一条火山带，时常发生极强烈的地震和火山喷发。

“板块”是解释地球表面许多地质现象的基础。要研究特提斯洋的扩张和消亡，就必须深入理解板块的形成、运动和消亡。因此，下面对板块构造理论进行简单介绍。传统的地质理论是静态的，它认为，地球的核心是高温、富铁的部分，称为地核；地核外面，包裹着厚厚的、致密的、富硅的岩石，称为地幔；地幔的外面就是我们看到的地壳，地壳比地幔薄得多，由各种岩石组成。而板块构造理论是动态的，而且把地球分成了更多的层（图1–1）。该理论认为，地球最外层的地壳紧密地与上地幔连接在一起，二者共同构成了相对低温、因而也比较坚固的岩石圈（lithosphere，源自希腊语 lithos，意思是石头）。岩石圈厚约120 ~ 180千米，碎裂成好几个板块。承托这些板块的，是个柔软、高温、几乎熔融的（或半熔融的）圈层，称为软流圈（asthenosphere，源自希腊语 asthenes，意思是柔软）。软流圈的厚度和岩石圈差不多，约为 100 ~ 200 千米。

目前，岩石圈可分为 10 个较大的板块和大约 20 个较小的板块，它们不停地相互运动、挤压。板块边界都是不规则的，相互交错，因此，整个岩石圈就像一幅巨大的拼图。板块的运动速率极低，每年只有几厘米，介于我们的手指甲生长速度（慢）与头发生长速度（快）之间，因此肉眼根本无法察觉。同时，板块的尺寸和形状也在不断改变，因为板块也在进行“新陈代谢”，“吸收”新物质，“排出”旧物质。板块边界的新陈代谢特别显著，因此，在这里总是分布着许多巨大的裂隙和缝合线，地震、火山喷发和热泉是常见的地质景观，地球内部大量的热能都是从这里释放出来的。

总共有 3 种类型的板块边界。第一种是离散板块边界，又称为扩张中心或洋中脊，新的洋壳或岩石圈不断在这里形成，海洋盆地也越来越大。特提斯洋就是在洋中脊上形成并扩展到整个赤道的。第二种是会聚边界，板块在这里会聚，有的在海洋的拉力下沉入地幔中，有的则受到挤压、变形、抬升，最后形成山脉。这正是特提斯洋的归宿。第三种是转换边界，在这里，在难以抗拒的推动力作用下，两个巨大的、坚硬的板块做剪切错动。美国加利福尼亚州的圣安地列斯断层就是最著名的转换边界。

深入探索

地球上的各种景观，例如，高山、峡谷、岩石中，隐藏着种种地质信息。许多岩石中都有化石，如果仔细观察，我们会发现，化石中的信息最为丰富。从我写作本书的地方深入内陆 50 km，就到达了安达卢西亚的商贸重镇安特克拉。瓜达尔基维尔河从它旁边流过，南边是托克尔山。我对山区的灰色石灰岩进行了研究，发现其中有许多海胆和其他海洋生物的化石。这些标志化石表明，此地在大约 1 亿年前是特提斯洋的海底。这个结论是怎样得到的呢？古生物学家从 200 年前就开始对古生物化石进行分类，如今已形成了巨大的古生物数据库。我可以把发现的海胆和箭石化石同这个数据库中的标本进行对比，从而得到相对准确的化石年龄（误差为几百万年）。另外，通过和现今相似的海洋生物比较，可以进一步断定古生物的生活环境。

以上推断是基于均变论进行的。均变论是地质学中非常重要的理论，其基本思想是“现在是通往过去的钥匙”。我在安达卢西亚带领一批大二学生进行地质实习时，向他们解释过均变论。当时我们考察了一系列的珊瑚礁。这些礁石是在环绕塔韦纳斯盆地的高山上发现的。这些珊瑚属于滨珊瑚，根据均变论，和今天的珊瑚一样，它们全都生活在温暖的浅海中。在同样的位置，我们还发现了其他海洋生物化石——红藻、苔藓虫、牡蛎和腹足动物（海螺或玉黍螺）。其中许多生物和珊瑚一样，能经受持续的波浪冲击，它们的化石现在乱七八糟地混在一起，出现在礁堆中。而不能经受冲击的生物，遗体都消失了。有趣的是，许多礁石是在600万年前，特提斯洋即将消失的时候形成的，不同时期形成的珊瑚礁从北向南逐渐降低，一直到海边。板块抬升使得礁石向上运动，直至最终占据了现在的位置，形成了今天的菲拉布雷斯山脉。

关于珊瑚和牡蛎的生长，还有一个很有趣的现象：在珊瑚的生长过程中，每天都会增加一个生长层，夏天这个层比较厚，冬天则比较薄；而生长在潮间带的牡蛎，它的钙质壳的厚度增长率和潮水周期有关。通过统计化石上的这些钙质层的数量和厚度变化，就可以推断出，在这些古生物生活的年代，一年或者一个月有多长时间，只要这些生物曾经在地球上生活过。塔韦纳斯地区的化石表明，在特提斯洋的暮年，太阳年和月亮年的长度和现在差不多。而在特提斯洋刚形成的时候，也就是2.6亿年前，其他地区的化石数据表明，一年只有278天，一个月只有29天，一天只有23小时！而6亿年前的化石数据表明，一年有420天，一个月有30天，一天有22小时。行星轨道理论可以解释年或月的长度为什么会变化——地球离太阳越来越近，而月亮正在以缓慢的速度远离地球。天文学家通过计算发现，由于潮汐摩擦，地球自转的速度在变慢。

我的专业是地质学与海洋地质学，说得具体一些，是深海泥研究。但是，平常和别人聊天时，如果他们问我是做什么的，我是不会说这么具体的，因为我一旦这么回答，就没法继续聊天了。为了让我的工作显得神秘一些（也为了能多聊一聊），我常常说，我的工作是探究海底的地形和特征、在海底上演的一幕幕生死大剧以及海底蕴藏的无穷宝藏。

在人们的印象中，深海是地球上最遥远、最危险、最难以到达的地方，也是人们最不了解的地方。既然如此，一个消失了很久的大洋的洋底是不是就更神秘、更难以接近了？事实并非如此。现在回到塔韦纳斯盆地，我对此做一个解释。和学生们站在珊瑚礁化石上，我们眼前是一片干热的景象，上面是一道道纵横交错的干涸的河谷。这里就是意大利著名导演莱昂内的西部片中的“不毛之地”。珊瑚礁围绕着末期的特提斯洋，形成了许多温暖的潟湖，养育了无数色彩鲜艳的生物。这是几百万年前的事，那时湖水非常浅，无法潜水。而在非洲大裂谷已经出现了第一批人类，其中一些人已经在特提斯洋南岸打猎和嬉戏了。

在这一阶段，特提斯洋两岸都是地震多发带，因为两个板块在相向运动，相互挤压。在塔韦纳斯附近巨大的裂谷使山脉和平原分离，就是板块运动的明证。在断裂带中，岩石不断进行着黏滑运动，这是发生地震的原因。在断层面上的岩石，最后都碎裂了，变成了边缘锯齿状的角砾岩，进一步经受挤压（糜棱岩化），硬度变低，更容易风化。有些角砾岩色彩鲜艳，因为富含矿物的水流经这里的时候，矿物析出，沉积在断层泥中，塔韦纳斯断层就出现了各种颜色——深红色，紫色，黄色，还有绿色。而沉积岩下方的地震，也影响了这里的地质景观。大陆坡在地震的作用下变得松散，有时会高速向下运动，堆积在海底，这就造成了海下的滑坡和泥石流。这种突发事件会导致巨大的海啸，产生的能量会完全改变周围的景观。

我现在站在一个名为兰布拉德尔地狱的沉积层上，这对一个研究深海沉积物的地质学家来说，不过是职业生涯中的一瞬间。真正值得一提的是，我实际上是站在曾经的特提斯洋的海底。现在这里十分安静，除了风吹过的沙沙声，或是被我不小心打扰的蝎子，其他什么都没有。但是，想象一下，如果是 2000 万年前，那么，将有 2000 米深的水淹没我。可如今，一滴水也没有，我可以在这里仔细地研究沉积物的性质。在沉积物中有一种灰色的岩石，毫无疑问，其来自北面 15 千米的菲拉布雷斯山脉。这种岩石碎成各种大小、各种形状，分布在坚硬的泥 - 砂质基岩中，具有标志性的条带状构造，含有闪闪发光的云母晶体，这种晶体来自一个古老的大陆的岩石。有些岩石碎屑中还含有石榴石，颜色和红宝石很像。这种矿物仅能在高温高压环境下生成，当两个大陆发生碰撞，引发造山运动时，被深埋的岩石就会处于高温高压环境中。石榴石可以当作宝石收藏，还可用作砂纸上的研磨沙粒。

这个独特的沉积层厚达 70 米，相当于我的 40 名学生的总身高。在发生劣地侵蚀之前，曾经覆盖整个塔韦纳斯盆地，面积有 400 ~ 500 平方千米。地质学家亲切地称它为 El Gordo，这是西班牙一个彩票的名字，意思是“大个子”。研究发现，它是由海底泥石流形成的。其形成机理与陆地上的泥石流类似（暴雨或积雪快速融化导致）。在泥石流前进的道路上，任何东西都会被它吞噬。也许是一场地震使塔韦纳斯盆地的珊瑚礁变得相当不稳定，并最终崩塌，引发了大规模的泥石流，并吞噬了大量海水。泥石流裹挟的岩石铺满了整个前进的道路，塔韦纳斯盆地这个平静的特提斯洋内海的地貌发生了彻底改观。海底生物突然被几十米厚的泥浆和碎岩深埋，无疑是致命的。我们之所以认为 El Gordo 沉积层来自附近的珊瑚礁，是因为沉积层中混杂着许多珊瑚化石。经过打磨和加工，这些化石可以做成漂亮的书立，我的书房里就有几个！

关于这场致命的泥石流还有其他故事，很多细节值得探究。在 El Gordo 沉积层之上，是很薄（约 1 米）、很细的砂－泥过渡层，称为浊积岩。因为它是混浊流流经海底时，其中的悬浮物沉积形成的。但是，浊积层为什么会出现？它有什么地质意义？无数地质事件告诉我们，当海洋中有体积巨大的物质发生突然位移，往往会引发海啸。因此有人认为，750 万年前的塔韦纳斯海啸，强烈地冲击着海岸，也就是今天的阿尔梅里亚山脉，然后又迅速退却，带走了海滩上的大量砂和泥。这种数量巨大的混合物形成了混浊流，流过并覆盖在 El Gordo 沉积层上面。这一猜测太过神奇，许多人认为不合理。

现在回头看看山脉，从塔韦纳斯周围的山，到布满石灰岩的托卡尔国家公园和内华达山脉，再到绵延西班牙南部、包括直布罗陀的弧形山脉，这些山脉都属于贝蒂斯山系。当非洲板块和欧洲板块冲撞时，形成了这些山脉，而特提斯洋也受到挤压，随后消失。还有许多线索需要挑明，后面几章会讨论其中一些细节。但现在我必须说明其中一个细节，那就是隆达蛇绿岩——洋壳出露的部分。实际上，某年夏天，在一个特别炎热的日子，我们在去内陆的路上，我的妻子克莱尔第一个注意到，路边的岩石发出少见的明亮的绿色，与塞浦路斯特罗多斯山的岩石特别像。我们在那里有过愉快的考察经历。

隆达是一个迷人的小镇，与西班牙海洋科学研究院相距不远。小镇位于山顶，山里的岩石都与特提斯洋有关。这些岩石非常坚硬、致密，而且很重，多为深灰黑色，但风化后变成亮绿色。当地人常用这种石头铺路，或装饰建筑物，因此对其进行了大量开采，所以山体景观破坏很严重。训练有素的地质学家一眼就可以看出，它们是超基性岩，包括橄榄岩、斜方辉橄岩、二辉橄榄岩，还有绿色的蛇纹岩。为了证实我们的判断，我们采集了岩石标本，送到实验室进行了切片观察。首先用切割机把岩石切成薄片，然后把薄片用高黏度的树脂粘在玻璃片上并抛光，直到其厚度变成 30 微米。这相当于沙粒直径的十分之一。这样，岩相显微镜发出的光可以直接照在薄片里的矿物颗粒上，我们就可以辨别薄片中的每一种矿物。

结果不出所料，岩石标本中的矿物组合具有典型的超基性岩特征，而且以橄榄石和蛇纹岩居多。这些岩石在地壳中很罕见，它们是在地球深部（地幔）形成的，经过挤压，向上运动。它们常常与海底火山岩、深海沉积物混在一起，形成蛇绿岩套。

当化学性能活泼的超基性岩受抬升而向上运动时，与海水发生反应，形成绿色的蛇纹岩。因此，证据确凿无疑——在大约一亿年前，也就是特提斯洋面积最大的时候，隆达蛇绿岩套从特提斯洋很深的地方被挤压上来。

漫长的地质年代

说到时间，地质学家都感到头疼。说到时间，我们夫妻也让朋友们感到头疼！可能是因为在我们的工作中，地质年代（又称深时，deep time）总是以百万年甚至十亿年计，并且通常很不精确，因此在日常约会中，我们经常迟到数十分钟。现在我就谈谈地质时间以及它的测量方法。我还要谈谈，我为什么那么肯定地说，特提斯洋存在于2.6亿年前到550万年前，涵盖了整个恐龙时代，几乎涵盖了整个猛犸象时代，一直到我们的祖先直立行走，彻底和大猩猩分道扬镳。

有两种地质年代，一种是确定地质事件发生顺序的相对时间，另一种是确定岩石、化石、冰川以及我们观察到的各种东西产生的绝对时间，当然也包括特提斯洋出现和持续的时间。一旦确定了两种时间，我们就可以衡量各种地质过程的速率，包括极其缓慢的板块运动，山脊的抬升到剥蚀，轻微的地震在地球上传播，波浪在海洋里的传播，以及潮汐的周期。地质学家也因此提出了一系列地质年代表（层序时间表），以便描述和理解种种地质现象。

地层层序律是较早出现的地质学理论。这一理论认为，沉积物是一层一层地按顺序叠加的，最终形成了沉积岩。最古老的沉积物处于最下层,越往上越年轻（如果没有发生地层倒转）。因此，根据陆地或海洋中的每种沉积岩的叠加关系，就可以建立岩石层位年代表。地质学家通过研究不同岩石的性质，可以获得相应地质年代的信息，就像人们一页页翻阅图书那样。如果我们从某个区域的最底层岩石开始，一层层向上“翻阅”，就能获得该区域的相对时间信息。例如，我在前面提到的塔韦纳斯珊瑚礁下面的岩石层序，有明显的从浅海环境向礁石环境变化的规律，有力地证明了特提斯洋发生了海退。

古生物学家对各种化石进行了深入研究，系统地记录了古生物的演化，并不断修正，据此得到了生物层序时间表。这样一来，地球上有相同化石或微化石的地方就自然而然地联系起来。当年，达尔文观察到，在世界不同地方的沉积岩层中，化石的变化是有规律的，这一发现为他的物种起源学说提供了强有力的支持。也正是因为有了生物层序时间表，我才能在特提斯洋演化的过程中找到安特克拉附近的托卡尔化石的准确位置。

在各种相对时间中，有一个相对时间是在深入思考气候的周期性变化对地质事件的影响后得到的，这就是米兰科维奇旋回。米兰科维奇是塞尔维亚数学家，他认为，每个气候旋回的周期都受到地球运行轨道特性（偏心率、地轴倾斜度和岁差）的影响，而全球海平面高度、冰川覆盖范围，甚至冰山融化后，由冰川捕虏体变成的沉积物的数量都与气候旋回有关。同时，地球表面平均气温的变化也会影响甲壳类动物壳内的氧和碳的同位素含量的轻微变化。现在，从海底钻取到沉积岩的垂直岩芯后，从中取出古生物化石的甲壳部分，使用最先进的仪器，可以测出其中同位素的含量。这样我们就得到了稳定同位素地质年代表。

还有许多地质年代表我没有提及。地球磁极周期性的倒转会反映在岩石中，据此可以构建地质年代表。这种技术非常重要，在后面的章节中，当我们刻画古海洋的生命轨迹时，会讲到这部分内容。科学总在进步，因此，新的年代表会不断出现。

遗憾的是，这些技术都不能让我们确定绝对年龄，并自信地说，地球是45亿年前形成的，最古老的洋壳是1.8亿年前出现的，以及恐龙是6500万年前灭绝的，而人类是400万年前出现的。19世纪末，科学家就遇到了这种困境，虽然那时地质学家已经把地球诞生的年份由基督教所说的公元前4004年向前大大推进了。因为这么短的时间不足以让物种发生演化，不足以发生造山运动，也不足以让海水变咸。因此，我们必须找到一种测定绝对年龄的方法。

1896年，法国科学家贝克勒尔发现了放射性。20世纪早期，科学家根据岩石中放射性元素衰变的特性计算出岩石的绝对年龄。衰变的意思是，某些元素的同位素是很不稳定的，会自发地转变成另外一些元素的稳定同位素，同时会发出射线。U-235会衰变成Th-231，之后经过一系列衰变，最终变成 Pb-207。而 Th-232 也会经过一系列衰变，变成 Pb-208。元素名后面的数字表示这种元素的原子核中的质子数与中子数之和。质子和中子称为亚原子粒子,原子核都是由它们组成的。

元素的衰变有个特性：每种放射性元素都有特定的衰变速率。这意味着,我们拥有许多“同位素时钟”,有些速度特别慢,还有一些，在地质学家看来，速度就快多了。例如，在任何岩石中，一半的 U-235 衰变成 Pb-207 所需的时间——称作半衰期——都是 7.13 亿年，而 C-14 的半衰期仅有 5730 年。前者可用于测定最古老的岩石的年龄，而后者可以测定不早于 7.5 万年的有机物的年龄。

因此，在岩石或化石中找到合适的同位素之后，我们就可以修正其他地质年代了，包括层序地质年代和地磁地质年代等。这一发现是地质科学中的重大突破，它可能没有板块构造说那么轰动，但是也相当重要。现在就可以根据连续的岩层得到一张真正的地层年代表，代、纪、世都有了准确的时间。我认识的地质学家，几乎每个人在外出时都随身携带着一张袖珍的地层年代表，以便随时查阅地球的漫长历史。如果你碰到一位地质学家，他肯定会从一堆证件或全家合影中拿出一张地层年代表!

表 1–1 就是一张地层年代表，其中还列出了重要的地质事件和海洋事件。这些事件塑造了今天的地球。这张表中还有特提斯洋的起讫时间和各个阶段，这些阶段是和本书各章对应的。但是一定要记住,这张表对地球历史做了大大的简化。

真正的地质时间是极端漫长的，想到这一点，地质学家不免会感到沮丧。但同时，它也会让地质学家更真切地感到，一切都不过是地球上的过客，无论是海洋、山脉，还是各种生命。

表 1–1 地质年代表与特提斯洋时间线

代	纪（世）	时间（百万年前）	地球、海洋与生物圈的重大事件
新生代	第四纪	0～2.6	现代板块构造、海洋和大陆形成 现代人类、啮齿类和昆虫兴盛 冰川极盛期；全球洋流循环形成
	新近纪	2.6～23	特提斯洋完全闭合；蒸发岩危机 印度板块与亚洲板块碰撞；巴拿马通道闭合 人科出现；现代生命开始演化 南极板块被孤立；冰室效应显现
	古近纪	23～65	特提斯洋变窄；大西洋扩张；印度板块北移 欧洲的阿尔卑斯山脉开始发育 最早的鲸出现；现代珊瑚礁兴盛 新物种爆发
中生代	白垩纪	65～145	特提斯洋面积达到最大；大西洋扩张 德干暗色岩（印度）/超级地幔柱 钙质浮游生物大量繁殖；黑色遗骸 白垩纪—古近纪大灭绝（6500万年前） 海平面达到最高；全球气温达到最高
	侏罗纪	145～205	特提斯洋切过泛大陆裂谷系，并且开始扩张 东西向洋流形成 现代鱼类、海生爬行动物、菊石和浮游生物花园繁盛
	三叠纪	205～250	特提斯洋与泛大陆东部毗连 泛大陆出现大量裂谷 珊瑚、菊石、爬行动物、第一只恐龙出现 三叠纪大灭绝结束（2.05亿年前）
	二叠纪	250～299	泛大陆形成后，特提斯洋出现（2.56亿年前）；泛大洋出现

特提斯洋存在的时期（新近纪至二叠纪）

代	纪（世）	时间（百万年前）	地球、海洋与生物圈的重大事件
			泛大陆上形成横跨大陆的高山 PT大灭绝（2.5亿年前），大量古生代生物灭绝
古生代	石炭纪	299～359	冈瓦纳大陆和劳亚大陆漂移到一起 大面积森林出现；有翅昆虫出现；古珊瑚出现 石炭—二叠纪冰川在冈瓦纳大陆蔓延
	泥盆纪	359～416	雅弗洋闭合 新红砂岩大量出现 古鱼类、两栖类动物和大型陆生植物出现
	志留纪	416～444	波罗的-阿瓦隆-劳伦板块碰撞 加里东造山运动 维管植物、早期陆生动物、有颌鱼类出现
	奥陶纪	444～488	雅弗洋称雄低纬度地区 三叶虫、笔石、古老的珊瑚，无颌鱼类兴盛 赫南特冰川期
	寒武纪	488～542	罗迪尼亚碎片 全球海平面达到极高 寒武纪生命大爆发；许多化石保存下来
隐生宙	元古代	542～2500	罗迪尼亚超级大陆形成 多细胞生物出现，均为海生 埃迪卡拉软体动物群兴盛（6.4亿年前）
	太古代	2500～4500	地球形成（46亿年前） 地核-地幔-地壳结构形成 洋壳与地壳分化 海洋形成（40亿年前） 地球上出现生命（35亿年前）

第 2 章

泛大陆与特提斯洋

在无边的黑暗中，在时间停止的地方，
嶙峋的大理石山默默矗立。
它是远古的馈赠，从一片消失的海洋中拔地而起。
雪白的山崖，在夕阳照耀下，泛着红晕。

——多立克·斯陀《菲洛梅娜女神》
（译者注：多立克·斯陀即本书作者）

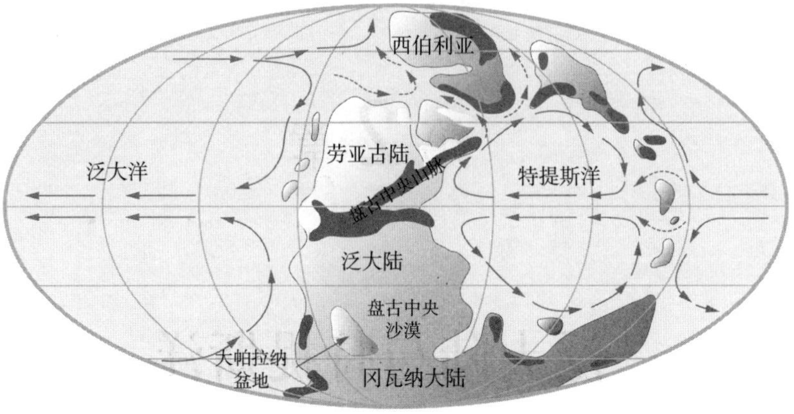

晚二叠纪特提斯洋地图（2.6亿年前）。图中绘出了全球洋流，以及主要山脉、沙漠等

2.6亿年前，也就是恐龙还没有出现的时候，地球的景象和现在大不相同。那时的大陆板块，也就是形成地球的较轻的外壳的部分，融合成一体，称为泛大陆（又名盘古大陆、联合古陆）。泛大陆覆盖了从南极到北极的广阔区域，包围着它的是一个几乎覆盖了全球的大洋——泛大洋。泛大陆的东部是一片“C”形的海域，这就是特提斯洋。它是一个热带海洋，横跨赤道。在特提斯洋和泛大洋之间是一系列群岛，它们演化成了今天的中国和东南亚。在泛大陆的腹地，耸立着可能是有史以来最雄伟的山脉，许多波涛汹涌的大河从山上流下，注入特提斯洋。这里还有令人生畏的红色沙漠，其面积之大，温度之高是空前绝后的。

1912年，在德国法兰克福的一次地质学会活动中，一位名叫阿尔弗雷德·魏格纳的年轻气象学家在向地质学家做报告时，描述了上面这番景象。魏格纳后来在他的《海陆的起源》中又进行了描述（德语版本于1915年出版，英语版本于1924年出版）。魏格纳认为，各大洲曾经是连在一起的，而且是不断运动的。这个假说令人耳目一新，强烈地冲击了平静的地质学界，引起了巨大的争议。直到将近半个世纪之后，不断有证据表明，大陆在缓慢运动，而海洋随之不断扩张或闭合。半个世纪的争议终于使人们更深刻地认识了地球的运动规律。到底是什么样的力量在塑造着地球？山脉和海洋有什么特性？地震和火山爆发有什么作用？人们可以给出和以前完全不同的答案。

1970年，美国科学哲学家托马斯·库恩的著作《科学革命的结构》出版。大陆漂移说完美地诠释了库恩的观点：在某个范式的支配下，科学只能缓慢而"安全"地发展，之后，经过一个阶段的激烈变化，终于接受了一个全新的范式。具体地说，一场地学革命孕育于20世纪60年代，最终获得几乎所有地质学家和海洋学家的认同，这就是"板块构造范式"。在这个过程中，有许多科学家做出了贡献。有些人来自大西洋东岸，有些人来自大西洋西岸；有些人从地质学角度，有些人从海洋科学角度。但无论如何，他们的发现或观点都有力地支持着板块构造学说。

遗憾的是，当大陆漂移说产生巨大影响的时候，魏格纳早已不在人世了。1930年，魏格纳带队进行为期12个月的北极地区气候观测。在格陵兰岛，他遇到了暴风雪。魏格纳试图返回位于乌马纳克湾的大本营，但最终未能战胜严寒和极度疲惫，不幸长眠于冰雪之下。魏格纳是一位天才的科学家和探索者，具有敏锐的洞察力。他的名字标志着一场重大的科学革命的开始，将永远和大陆漂移说联系在一起。我经常发现一个有趣的现象：在科学领域（实际上也包括其他领域），重大发现往往是由充满创造力和好奇心的人做出的。他们不愿意永远停留在“舒适区”，也就是自己熟悉的领域。魏格纳就是如此。他从气象学“跨界”到地质学，当时那些保守的地质学家都不欢迎他，但如今，地质学界公认他是板块构造学的鼻祖。

知道板块构造的运动体系是一回事儿，而重建板块构造历史，确定古代大陆和海洋的位置是另外一回事儿，而且是极其复杂的。在时间长河里“逆流而上”更是难上加难。在探索地球历史的过程中，我常常向以前的两位同事请教，他们是诺丁汉大学的克里夫·波尔特博士和蒂姆·布留沃博士。他们都非常热心，在和他们的交往中，我获益良多。然而，在我动手编写本书时，蒂姆不幸去世了。在比较我们两人的工作时，蒂姆总是幽默地说，我研究特提斯洋的工作是“花花草草的工作”。他的工作是非常古老的前寒武纪大陆（基本上没有变形的大陆，称作克拉通）研究，例如，加拿大和格陵兰（魏格纳遇难的地方）。

对前寒武纪克拉通的研究表明，板块构造运动始于太古宙（太古宙是40亿～25亿年前的一个地质时期）。在随后的元古宙，板块构造运动仍在进行，克拉通上升到地表，而在洋中脊部位形成新的洋壳。在持续的碰撞和造山运动中，克拉通的体积在稳定增长，因此在大陆边缘不断生成新的山脊。研究前寒武纪的地质学家认为有足够的证据表明，在大约10亿年前（或稍晚一些），有一块名为罗迪尼亚大陆的超级大陆。但是和后来的另一块更大的超级大陆——泛大陆比起来，有关罗迪尼亚大陆的信息要少得多，包括它是如何形成及消亡的。因为这一切都发生得太早了。直到2.5亿年之后，特提斯洋的海水才开始拍打泛大陆（可以开始“花花草草的工作”啦！）。

本章将简要介绍泛大陆的形成和早期特提斯洋的情况。

山脉与冰川

超级大陆的形成并非“壮举”。数个板块的聚合是极为缓慢的，但也是不可阻挡的，这一过程历时5000万年，需要巨大的力量。各板块的交界线就像地球上巨大的伤疤，至今还有许多未解之谜。总之，这是一个关于造山运动的故事：当板块发生碰撞时，交界处的岩石就被挤压、抬升，最后形成山脉。这个过程非常缓慢，而且时断时续，经常伴有可怕的地震和火山喷发。如今，南美洲的安第斯山是抬升最快的山脉之一，速率为每年1厘米，也就是每1000年10米。实际上，多数山脉抬升的速率不过是安第斯山的十分之一，也就是每1000

年 1 米。有趣的是，即使是以这个速率抬升，每 100 万年的增长高度也会达到 10 000 米，超过了世界最高峰——珠穆朗玛峰。要知道，多数造山运动，包括喜马拉雅山，会持续数百万年，那么，关于山脉的实际高度，自然会让人们感到迷惑——这可不是仅靠乘法就能解决的。

在南半球，早就有一个非常巨大的大陆，称为冈瓦纳大陆，它在古生代早期就出现了。许多地质学家认为，它是现在的南美洲、非洲、印度、澳大利亚和南极洲的前身。因为在以上各地发现了许多同种动植物的化石。例如，有一种名为舌羊齿的蕨，是二叠纪的重要植物，其化石在以上地区都有发现，魏格纳曾用它支持自己的大陆漂移说。然而在过去，许多守旧的古生物学家认为这种蕨的种子是被风吹到各个大陆的。

当各个大陆连接在一起之后，冈瓦纳大陆作为一个整体向南漂移。通过观察古生代冰川在岩石上留下的痕迹可以得知，位于南半球的岩石比最近冰期的冰川退却后露出的岩石老得多。据此可以用图表表示冈瓦纳大陆的移动历史。

为了寻找冈瓦纳大陆晚古生代冰川的证据，我曾经去过南美洲、非洲、印度和澳大利亚。也就是说，除了南极洲，冈瓦纳大陆的各个组成部分我都考察到了——在南极，证据深深埋藏在现在的冰盖下面。我清楚地记得，一年冬天，我在澳大利亚南部阿德莱德附近进行考察时，沿着一串脚印走到了海边的悬崖上，冷风扑面，悬崖下方，海浪打在黑色的岩石上，翻起一团团泡沫。广阔而波涛汹涌的大洋横亘在眼前。

在大洋的另一边，南极洲不知已经形成了多少年……

现在，我经常想这样一个问题：在这个小小的地球上，气候为什么总是那么极端——南极洲，严寒无比，澳大利亚大沙漠和撒哈拉沙漠又炎热如地狱。我最小的女儿凯亚也对这个问题很感兴趣。我告诉她，只有当地球经历冰室期时，即两极覆着冰盖，也就是像现在这样（虽然人类活动导致了全球变暖），才会出现极端的气候。上一次这样的极端情况出现在2.5亿年前，那时澳大利亚与南极大陆还是一体，今天阿德莱德所在位置与南极的威尔克斯地是紧邻的。“可是，爸爸，你有什么证据？”凯亚的反应很简单，也很直接，但确实是很有力的质疑。

我沉默了片刻，我俩绕着海角走了一会儿，看到面前有一块岩石，上面布满了冰川划出的擦痕。冰川在运动时，会刮擦或挤压下面的岩石，从而形成这些痕迹。和远古时期一样，现在的冰川仍然具有这样的力量。我停了下来，看着眼前的景象，完全沉浸在对自然界的敬畏中。我们脚下的岩石是二叠纪的，刮擦它们的冰川也是二叠纪的，这就是我的证据。非常巧的是，澳大利亚公园管理协会在附近立有一块牌子，上面的内容和我的解释一致，这时我的家人才相信我的解释。

另外，还有一种典型的冰川沉积物——泥、砂和砾石的混合物，叫作“冰砾泥”或“混杂沉积岩”，如今在南半球很常见，是它使我们得出如下结论：在晚古生代，当冈瓦纳大陆极缓慢地漂过南极时，地球正处于冰室期。经过在南美、非洲南部和南极洲的考察，我们可以确定南极在漂移。更令人惊奇的是，从早二叠纪开始，南极洲就开始靠近或远离南极，而冈瓦纳大陆的其他部分则远离了南极。

板块运动使冈瓦纳大陆的一部分先靠近、然后远离南极，同时，驱使冈瓦纳大陆的其余部分北移，与北面的劳亚古陆发生强烈碰撞。在至少 5000 万年的时间内，这种碰撞一直在持续，但是谁也没有占上风，不过板块的边缘在强大的压力下都发生了破裂。在两块板块间有一片曾经宽达 1000 千米的海洋变得越来越小。寒冷的海洋板块不断下降,沉入地球内部，变成熔融状态，部分物质又上升，形成一连串的火山岛。但这些岛屿很快就消失了，因为巨厚的熔岩流和火山灰，连同珊瑚礁和陆相沉积物，在巨大的压力下，挤到一起，覆盖了这些岛屿，形成了新的山脉。

根据我们目前所知，有限的证据表明，在地球历史的最早阶段，并没有发生过规模如此之大、时间如此之长的板块碰撞。因为空间巨大，时间漫长，所以这一时期的造山运动有许多，如海西运动、阿卡迪亚运动、阿巴拉契亚运动、阿莱干尼运动和沃希托运动。纵观这段历史，可以说，碰撞从东部开始，也就是现在的北非的某处，在远西结束，也就是现在美国西南部的几个州。为了简单起见，我把以上造山运动统称为泛大陆大造山运动，而这些造山运动形成的所有山脉，已经有人给它们起了名字：盘古中央山脉。巨大的山脉绵延 7000 千米，横穿超级大陆，宽度估计有 1000 千米。但是，最高峰到底有多高？上面是白雪皑皑，还是绿意盎然？

我说过，我们不能简单地把年平均升高率乘以年限就得到它们的原始高度（例如，数千年升高 1 米，乘以 5000 万年），这种算法，得到的山高超过 50 千米！实际上，山脉在升高时，也在受到剥蚀，而且山越高，剥蚀速率越大。这是两种因素共同作用的结果。第一，较高、较陡的山脉自然更容易崩塌、滑坡等；第二，高山上的冰雪能够加速山体风化。实际上，在今天的许多高山中，剥蚀速率都超过了升高速率。例如，阿尔卑斯山和安第斯山，每千年会剥蚀 1 ~ 3 米。而在喜马拉雅山的某些区域，这一数字甚至达到 15 米。

还有一个因素在限制山脉升高，那就是山体自身的重量。承载山体的板块在山体重量的作用下，会发生凹陷，从而导致山体沉降。在剥蚀和区域沉降的共同作用下，盘古中央山脉的高度看来不可能超过 10 000 米。尽管如此，这些古代山脉的高度还是轻松超过了珠穆朗玛峰。在山顶上，由于空气稀薄，估计生物都无法生存。而且雪线可能从大陆的一头延伸到另一头。不过以上推论忽略了一个事实：这些山脉都离赤道很近，或者位于亚热带，因此在较低的山坡上，广布二叠纪的原始森林，这些森林孕育了大量形形色色的生物群落。

泛大陆已经完全形成了。一些地质学家认为，它是几块大陆紧紧拼合在一起的，而不是一块单独的大陆。而我持相反观点。特别是在考察过曾属于盘古中央山脉的区域，并目睹冈瓦纳大陆和劳亚古陆的缝合线之后，我更加坚信这一点。

我还考察过乌拉尔山脉。这里实际上是哈萨克斯坦和西伯利亚最终与劳亚古陆融合的地方，而且非常接近二叠纪晚期的乌拉尔海。而在南极与南美、澳大利亚毗连的地方，也有山脉。

特提斯洋的黎明

现在，我可以说明那个巨大的“C”形的大洋了，它是特提斯洋，跨越赤道，在泛大陆的东面。需要注意的是，有些人用“原始特提斯洋”指代特提斯洋的前身，还有些人用“古特提斯洋”和“新特提斯洋”指代随后的阶段。在本书中，用“特提斯洋”指代 2.6 亿年前泛大陆完全形成时出现的大洋。我计算了这时的特提斯洋的面积，应该在 8000 万 ~ 1 亿平方千米，比印度洋要大，可能比北冰洋稍大一些。周边有一些陆地——小型的大陆和群岛，它们在一定程度上把特提斯洋和泛大洋分开。特提斯洋东部的这些岛屿可能与今天西太平洋的岛屿非常类似，既是热带天堂，又布满了危险的海底火山（被大量珊瑚礁围绕着），而更大的、多山的岛屿则长满了植被。在很久以后，它们会汇聚成劳亚大陆，形成今天中国和东南亚的绝大部分。

如今，我们还能在被冲到岸上的岩石上发现当年那些奇怪的群落的蛛丝马迹。这些海岸当年是特提斯洋的最东边和最西边。在西西里、希腊的克里特岛和伊兹拉岛工作时，我见过许多古生物化石，包括雪茄形的蜓化石和微小的介形虫化石。再往东，如日本西南的丹波和中国的广西、贵州和西藏，都发现了当地特有的腕足动物化石、棱菊石目化石和牙形石。这些古生物早就灭绝了，但是棱菊石目化石特别令人不解。它们具有微小的、含磷酸盐的牙状结构，大小和沙粒差不多，在许多古生代沉积物中分布广泛，而在三叠纪结束时随之灭亡。它们的外观多种多样，随时间演化速度很快。古生物学家对它们进行了一百多年的仔细研究，并利用它们在全球范围内进行定年和岩石相关性研究。但没人能说清楚它们到底是什么，或者到底来自什么动物。直到20世纪80年代，机会来了。

迪克·奥德里奇是我在诺丁汉大学的另一位同事（他目前在莱斯特城大学），他和爱丁堡大学的德雷克·布里奇斯以及尤恩·克拉克森研究了苏格兰的一些古生代泥岩。这些岩石是早先搜集的，已经被博物馆收藏，但没人注意过岩石上的米诺鱼大小的化石印痕。后来,在岩石上发现了牙形石化石。它们是微小的像鳗鲡一样的动物，只有几厘米长，双眼很大，身体两侧有人字形的纹路，这说明这种动物存在脊索动物具有的肌肉。这些非常原始的脊椎动物历史非常悠久，演化非常成功。它们类型众多,能适应各种海洋环境,从浅海到深海,从赤道到高纬度地区都有分布，在特提斯洋早期，非常繁盛。

大陆的心脏

还是先回到现实中吧。为了获得泛大陆的一些资料，我准备去摩洛哥旅行一趟，我将从盘古中央山脉的高处向下，进入这块古老大陆的心脏。世界将再一次改变，超级大陆将四分五裂，史前生物将快速演化。然而，幸运的是，在北非，这片大陆的遗迹数量巨大。

马拉喀什（译者注：Marrakech，摩洛哥西南部城市）是我最喜爱的城市之一，为了研究泛大陆，我数次造访这座柏柏尔人的城市。1062 年，比特王朝建立了这座城市。之后，王朝的势力范围从今天的毛里塔尼亚扩展到今天的西班牙，东部一直到阿尔及利亚。柏柏尔人筑起了城墙，挖凿了精巧的地下灌溉网，还从安达卢西亚雇来了工匠，建造起高大的宫殿和清真寺。1000 年过去了，马拉喀什的影响没有当年那么大了，但这座城市依然充满活力。街道上，熙熙攘攘，商贩的吆喝声此伏彼起，还有心灵手巧的工匠和气味浓郁的香料，都是这座城市的标记。香料的浓郁气味弥漫在主广场北侧狭窄的、迷宫一样的街道上。我住在 La Mamounia 饭店，写作一天之后，我漫步在吉马埃尔弗纳广场，感受一下热烈的气氛和傍晚的暖意，喝一杯新鲜的薄荷茶，然后买一大盘香喷喷的羊肉加古斯米（译者注：北非的一种面食），在街道上找一小块空地儿，大快朵颐。

马拉喀什位于摩洛哥西部高地边缘肥沃的土地上，依偎着高大的阿特拉斯山脉，在这里讲述泛大陆的故事，再合适不过了。实际上，阿特拉斯山脉是盘古中央山脉最东端的余韵。连接马拉喀什、艾兹鲁和非斯的道路，一直通往非洲腹地，直到阿尔及利亚和地中海之滨。这条路非常古老，人们已经走了不知多少个世纪。它绕过阿特拉斯山顶峰，然后穿过中阿特拉斯山，这是摩洛哥中部一个相对封闭的地区，保留了许多柏柏尔人引以为豪的传统习俗。但更吸引我的是这里神奇的地质情况。我来到姆瑞特小镇，这里的早市很热闹，郊区是密密麻麻的白色帐篷。我费力地穿过帐篷，进入山区，我将在这里找到一扇通往地球早期的窗户。

这里有许多巨大的古生代岩石露头，往往有数十至数百平方千米，不同地质时期的岩石并列出现。其中一些有强烈的变质迹象，曾经埋在很深的地方，经历了地下的高压和高温。还有一些埋藏深度很浅，只有轻微变质。在造山带最深的地方——一般超过 25 千米，岩石在极端的物理条件下变成熔融态，形成了巨大的岩浆房，并经历了分馏作用，即高密度的矿物下降，低密度的矿物上升。上升的矿物侵入了上覆的岩石，并缓慢（极度缓慢）变冷，结晶成新的矿物组合。结果是形成了花岗岩，大陆地壳中最常见的岩石。花岗岩主要由 3 种矿物组成：玻璃石英、钙长石或钾长石、云母。大型的花岗岩体称为深成岩体，英文是 pluton，这个词源于希腊文，是冥王普路托的意思。实际上，所有在地球深部由熔融的岩浆形成的岩石都称为“火成的”，即 plutonic。

中阿特拉斯山脉的花岗岩露头正是 24 号高速公路经过的地方，这些岩石就是“火成的”，是在盘古中央山脉的下部形成的。而环绕在花岗岩周围的石灰岩，则在花岗岩极高温度的作用下，变质成大理岩。大理岩种类繁多，上面都有许多花纹和斑点。这些花纹和斑点是由不同的金属元素形成的，例如，铁、锰、铜和钴。有些元素是石灰岩自身的，有些则来自冷却的花岗岩。这些花岗岩和大理岩是优良的建材，如今在摩洛哥的宫殿里、清真寺里、宾馆里、广场上、火车站和机场，到处都可以看到它们。

公元45年，罗马帝国的皇帝克劳狄一世命令重建瓦卢比利斯（Volubilis，世界文化遗产），工匠们大量使用了大理岩。瓦卢比利斯是一座“自由城”，在罗马帝国的东部边疆有许多这样的城镇密集区。从我住宿的地方开车不过一个小时，就能到达瓦卢比利斯的遗迹，我去过那里很多次，每次看到当地的建筑，我都对工匠们的精湛技艺和对石材的合理使用惊叹不已。在遗址上，有一处长方形教堂，有一面墙完好无损，上面有九层巨大的拱券。在维纳斯之家（译者注：考古学家在瓦卢比利斯发现许多住宅，多将其命名为“……之家”，维纳斯之家是内部装饰最奢华的）有一面墙，墙上是一幅镶嵌壁画，画的是月神戴安娜与山泽女神宁芙，非常精致。但在我看来，坐落在城镇主干道尽头的卡拉卡拉凯旋门才是不朽的杰作。

从卡拉卡拉凯旋门往西走，是一片肥沃的土地，在平原上种植着谷物和橄榄树，坡地上种植着葡萄，和两千年前没什么不同。如果天气晴朗，在日落时分，极目四望，我似乎能看到古罗马军队点燃的火把和篝火，能听到队伍的喧嚣声。经过了数千年的跋涉，他们风尘仆仆，要在平原上安营扎寨，准备晚餐了。激发我的想象力的，是最近由拉巴特大学发起的一项关于古罗马军营的考古研究。军营位于平原的西边，下一步挖掘正在规划。不过，我还是把目标从古罗马军营转到搭建军营的材料上吧。实际上，卡拉卡拉凯旋门使用的主要石材，和城镇大多数建筑一样，并非花岗岩，而是当地的砂岩。大理岩主要用于装饰部分，多出现在富贵人家和公共浴室上。在当年，花岗岩并不适于建筑，因为它太坚硬，难以加工。

那时，浅黄色或微黄色的砂岩才是理想的建筑材料——非常耐风化，但是容易切割。从地质学上看，它们出现得比较晚，是在盘古中央山脉经过明显剥蚀，特提斯洋的海平面明显上升后才形成的。砂岩多形成于围绕着大陆的浅海底部，其显著标志是，含有中生代的古生物化石。

急流河与沙漠

在晚二叠纪，盘古中央山脉这座横跨赤道的高大山脉经历了第一期剥蚀，有许多证据表明了这一点。我驾车前往姆瑞特时，经过海尼夫拉。那里红色的建筑物深深地吸引了我。我在市场上停留了片刻，想证明，墙上的红色是石头的天然颜色，而不是染料的颜色。这里石头的交错纹理构造也引起了我的注意。这是岩石在沉积过程中形成的一种典型的沉积构造。在海尼夫拉城外，有数千米的道路穿过这种红色的沉积岩层——带有交错纹理构造的砂岩、中砾砂岩和含有卵石及砾石的粗砾砂岩，称为砾岩。

沉积构造（波痕、沙波等）离不开汹涌的河流、猛烈的洪水、泥石流和雪崩。在这种构造中很少发现化石，这和罗马人建造瓦卢比利斯所用的浅海沉积岩形成了鲜明对比。事实上，偶尔会发现植物枝干的印痕，有些沉积层中还有黑色的块状物质——以前不知名的植物变成了煤炭。这些特点，加上标志性的红色，都是古代大陆沉积物的象征。这些沉积物可能来自河流、沙漠、冲积扇或者满是碎石的山坡。它们被称为红色岩层组合，通常出现在造山运动发生时。

这一时期因盘古中央山脉和其他山脉剥蚀而形成的红色岩层称为新红砂岩。与之相对的是旧红砂岩，其结构与新红砂岩接近，广泛分布在北半球，形成于泥盆纪，曾是劳亚大陆的组成部分。新红砂岩形成于早二叠纪到晚三叠纪（大约 2.8 亿年至 2.2 亿年前）。这一期间，地球上的生命经历了剧烈的变化。但由于大陆沉积物中的化石种类非常单一，因此在新红砂岩里难以得到这方面的信息。

从这些分散的红砂岩中，我们得到泛大陆环境的两个特点。第一个是，新形成的山脉立即受到严重剥蚀，山体被一层一层地、一米一米地，甚至一千米一千米地夷平。季节性的雨水、降雪、冰和狂风都是对山脉造成强烈剥蚀的“杀手”。在盘古中央山脉的南坡和北坡，剥蚀下来的大量物质，在风和河水的作用下，形成洪积扇，厚厚的沉积物一层一层的。我看到这些沉积物，总是非常惊讶，无论是在亚利桑那州，还是大西洋沿岸，加拿大的芬迪湾和圣劳伦斯湾，英国的德文郡（译者注：在英格兰西南部）到英格兰中部和北部，以及俄罗斯、中国和韩国，沉积层都非常整合。

沉积层的规模，以及其中一些砾石的大小，都有力地说明，曾经有强大的河流流过泛大陆。泛大陆幅员辽阔，内陆无疑非常干燥。可能也出现过面积广泛的内陆流域和类似于如今南部澳大利亚艾尔湖那样的季节性湖泊。它们的储水要靠急流河来供给。但我们现在还无法证实，沉积物是来自每年融化的雪水，还是百年一遇的洪水。我认为后一种可能性比较大。

然而，至少有一部分河流沉积物会进入大海。盘古中央山脉北部的河流多数流向西部，汇入了泛大洋。读至此处，你也许会问：我们怎么知道2.5亿年前的河流方向？当我向我的女儿凯亚解释英国南部埃克斯茅斯附近有关红色岩层的问题时，她就是这么问我的。答案隐藏在以下事实中：在形成波痕或沙丘时，如果沉积物是从同一个方向来的（例如，同一条河流带来），那么它们的结构是不对称的，朝着河流上游的方向，坡度较缓，而下游方向坡度较陡。因此，仔细观察红色岩层中的波痕或沙丘，观察纹理的倾角，就可以推断出原始的水流方向。

泛大陆新红砂岩环境的第二个特点：由于超级大陆的面积巨大，因此其内陆距离任何大洋的影响范围都有数千英里之遥。在泛大洋的腹地，在低纬度地区，计算机建模结果表明，年平均降水量不超过2毫米，这几乎相当于多年无雨之后，才暴发一场大洪水。夏季的气温常常超过 50℃，就像大沙漠一样，比非洲的撒哈拉沙漠、澳大利亚的辛普森沙漠和东亚的戈壁滩都大、热、干燥。那么，在岩石中又能找到什么证据呢？下面让我解释。

我是在加拿大达尔豪斯大学取得博士学位后回到英国的。在加拿大期间，我第一次见到了那么厚的新红砂岩——在美丽的玫瑰红的沙滩上，深红色的峭壁拔地而起。这些红色的岩层无疑是河流成因的。读博士期间，我关注的不是它们的成因，而是它们及其他沉积物的剥蚀与再造，以及它们搬运到新斯科舍省海边的海洋环境，在那里，它们变成了深海泥沙，而那曾经是我以前的研究专业。回到英国后，我在英国国家石油公司（该公司后来私有化了）找到一份工作，为石油钻井平台选址。作为一名研究深海沉积物的新人，我惊讶地发现，在北海南部的一个钻井平台下钻到了厚厚的二叠纪砂岩，而此处砂岩显然不是深海成因的。

在冬季里，灰色的大海让人直打寒战，海面上满是潮湿的水雾。冷风中不时传来海鸥凄厉的叫声。我盼望赶紧逃离钻井平台，可是直升机要到下周才来……什么都做不了，我只好又拿起从海底钻出的岩芯进行观察。这些成分单一的红色砂岩无疑是沙漠成因的，因为其中的沙子是风成的。它们的年龄应该和新斯科舍省红色岩层中的沙子一样，但肯定是在泛大陆某处巨大的荒漠中的多风而高温的沙海中形成的。做出上述解释的依据就蕴藏在小小的沙子里。被风吹动的沙子，由于不断相互碰撞，通常颗粒浑圆，表面很像毛玻璃，就像抛光一样。而在河流和海洋中，由于水的阻力很大，碰撞时的力相当小，几乎不存在“抛光”效应。当沙子进入沙波纹或沙丘时，会根据直径进行分选，而沙波纹或沙丘这些层状构造的崩塌面会显现出交错纹理，就像我在海尼夫拉的河流沉积物中观察到的一样。

荒漠中的岩石碎块和砾石也会因为刮风而不断经受沙子的磨蚀。它们的迎风面变得较平、较光滑。如果它们被大风吹得翻了个个儿，那么新的迎风面也会被磨蚀。在荒漠中，如果你捡起一块石头，很可能发现它三面都是很光滑的，这种石头叫作三棱石（图 2-1）。在我们钻取的岩芯中就发现了不少二叠纪的三棱石，其中有一些包裹着一层黑色的二氧化锰，这是长期暴露在极端天气中的结果。

图2-1　盘古中央沙漠里的三棱石，画面实际宽度10厘米（克莱尔·阿什福德拍摄）

有趣的是，这些在 2.5 亿年前被强劲而干热的狂风席卷着穿越泛大陆的沙子，在沉入北海之后，竟然成为优良的油气藏。20 世纪六七十年代，欧洲和英国发生了天然气革命，人们都用上了新能源。这些天然气正是在北海南部的砂岩层中发现的。近年来，在英格兰南部风景如画的普尔港发现的大型滨海油田，也是由泛大陆内陆的大陆沉积物（风成与河流沉积）形成的。

特提斯洋的边缘

在泛大陆这片灼热的土地上，很少能看到生命的迹象，极端的自然条件也使化石难以保存。但地质学家还是有一些重大发现。有些化石被细粒沉积物包裹，沉入浅海或内陆的湖泊中，季节河不断将泥浆带入。另外，当地震或地球运动导致明显的板块重新调整时，这些海或湖还会周期性地被真正的海水淹没。特提斯洋的一小部分就曾深入泛大陆的内陆。欧洲北部的硬石海就是一个明证。

硬石海（图 2–2）曾经覆盖了泛大陆东北的广大地区，包括中英格兰大部、北海（我曾在那里钻探）、荷兰、比利时和德国北部。历史上，特提斯洋和泛大洋的海水多次注入硬石海，因此其面积大大增加，淹没了原来的荒漠地区。大量海洋生物也随之进入内陆。在德国南部富含有机质的含铜页岩中，就有大量保存下来的化石，为我们提供了一扇通往晚二叠纪特提斯洋的窗户。这是为数不多的可以了解特定时期特提斯洋鱼类的场所之一。其中多数鱼类都早已灭绝了。人们还发现了外壳坚硬的双壳类和腕足类动物，它们都能忍受海浪的不断冲击。还有混杂在一起的扇形的苔藓虫、多孔的海绵和多足的海百合。

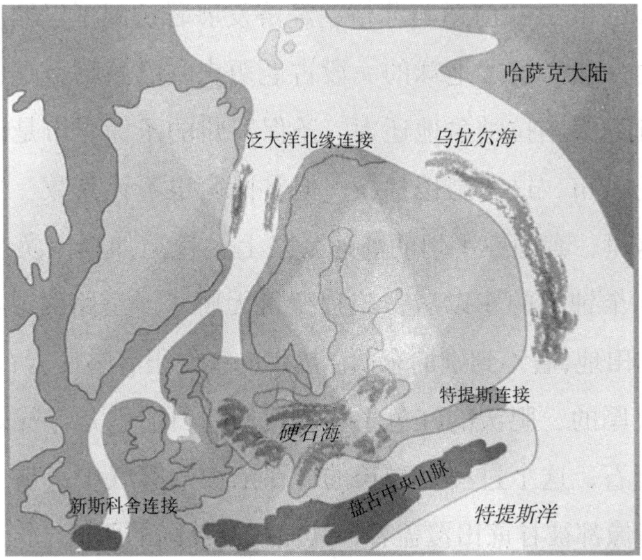

图2-2　特提斯洋西缘还原图，其中硬石海延伸到今天欧洲西北。蒸发强烈的地区用网点表示

但特提斯洋对泛大陆内陆的影响是短暂的。海水退去后，荒漠又恢复了炎热，蒸发非常强烈。几百米深的海洋沉积物，主要是石膏（硫酸钙）和氯化钾，沉积在荒漠上，大地白茫茫一片。这片地区再次成为不毛之地。英国中部柴郡和德国施塔斯富尔特到处可见的盐矿就是这一动荡时期的产物。

然而，并非所有地区都如此荒凉。在赤道南部的中纬度地区，也有一处内陆水系，名为大帕拉纳盆地。它由巴西的一部分和非洲南部的卡拉哈里沙漠组成——二者曾经是相连的，面积达 250 万平方千米，与今天澳大利亚东部的大辛普森沙漠与艾尔湖盆地差不多大。这里发现的化石证明了爬行动物进化的 3 个重要阶段：恐龙时期、哺乳动物时期以及人类的出现。

2009 年，我应邀与苏格兰经济发展署访问了巴西。借这个机会，我考察了地球的一段古老历史。巴西幅员辽阔，比泛大陆的大帕拉纳盆地还大。圣保罗州的圣保罗市是南美洲最大的城市，这里高楼林立，但贫民窟也不计其数。当我们离开这里，奔驰在平坦的高速公路上，顿觉如释重负。可是坐了 6 个钟头的车以后，旅程变得无聊了。道路两旁除了绿油油的田地,看不到别的东西。热带的气候很容易使岩石风化，变成很厚的、肥沃的红色土壤。我们的目的就是寻找躲过风化的岩石，这个过程是漫长的。在浓浓的雾气中，整个圣保罗州好像都被甘蔗田覆盖着，其面积有英国的两倍。

甘蔗看似非常脆弱，却在巴西掀起了一场影响将近两亿人口的生物能源革命——几乎所有汽车都在使用酒精或酒精 - 汽油混合燃料。我们的汽车烧的是纯酒精，所以在爬坡时，我闻到的是酒精味，而不是柴油味。

在无边的甘蔗田中穿行了几个钟头后，我们终于看到了不一样的景色：放牛的农场、桉树林、平静的小溪、宽广的大河，还有棕色的沉积层，长满了大量野生植物，花卉种类繁多，色彩鲜艳，空气中充满花香。在盛开的红槿花上，围着蜂鸟和各色昆虫。秃鹰和楔尾雕在天上逡巡，比它们飞得还高的，是借助暖空气盘旋的秃鹫。

在这片绿色植物的海洋中，我开始以为无法找到出露的岩石。其实我的担心是多余的。圣保罗州立大学里奥卡拉鲁分校的迪马斯·布瑞托教授是我们的向导。他非常熟悉大帕拉纳盆地，哪个坑里、哪个坡下有石头，他都一清二楚。最后，我们发现了一处隐蔽的山谷，它是由古代荒漠的沙子形成的，正在不断喷出黑色的沥青。我们看到了黑白相间的、很宽的交错层理，它们是由古代的风成沙丘形成的。许多昆虫爬过形成的孔洞以及沙丘崩塌的痕迹都清晰可辨。这里曾经开采过重油，不过早就废弃了，所以被植被覆盖了。谷底全是泥浆，蛇和咬人的昆虫不断出没。岩壁上有许多坑，是巴西大黄蜂的巢穴。这种黄蜂个头很大，外观棕色，迪马斯教授和他的同伴都很小心地避开这种黄蜂。

这样，我们就来到了大帕拉纳沙漠（曾经是个很大的盆地）的边缘。故事就要从这里开始。

在这里首先发现的是初龙化石。曾经在特提斯洋中盛极一时的许多海生爬行动物都是由初龙演化而来的。许多滨海和大陆恐龙也是初龙的后代。现在，古生物学家几乎每年都会发现新的恐龙种类，有的只有鸡那么大，而有的长达 15 米。有一种恐龙，最终演化成最早的鸟。而在这一切发生之前，原始的初龙一直在同恶劣的自然条件做斗争，直到二叠纪大灭绝。我会在下一章讲述这方面的内容。

之后发现的是犬齿兽亚目化石。从人类起源的角度来看，这一发现更重要，这表明从恐龙演化而来的另一类爬行动物的兴起。它们属于合弓纲，而非双孔亚纲（恐龙）。这一分类是以眼窝后面的孔洞数量和排布为依据的。合弓纲动物每个眼窝后面只有一个洞，而双孔亚纲有两个。这种区别看上去不值一提，或者很怪，但是具有重大意义。双孔亚纲后来演化成恐龙和海生爬行动物，在漫长的时间里，统治了海洋和陆地，其中一些后来演化成鸟类。合弓纲家族一开始并没有什么特别的地方，但其中一支后来演化成哺乳动物。

犬齿兽亚目是合弓纲演化的终点，也是最成功的动物。它们出现的时期和特提斯洋故事开始的时间差不多吻合。最开始，它们外观很像狼，是食肉动物，适应性很强，很快就遍布全球。在二叠纪大灭绝时代，它们顽强地生存下来，又在地球上繁衍了 7000 万年。最后，它们虽然灭绝了，但是它们的后代最终演化出哺乳动物和人类。事实上，犬齿兽亚目化石最早并不是在巴西发现的，而是在大帕拉纳盆地的另一端——赞比亚的卢安瓜谷发现的。我的两位同事（史蒂夫与阿娜·托兰），为了考察这种化石，曾经从赞比亚首都卢萨卡出发，驱车 5 天，向卢安瓜河（赞比西河支流）上游进发，经过最偏远的自然保护区，到达非洲腹地。他们知道，眼前是一座真正的“金矿”，埋藏着关于人类祖先早期演化的大量信息，在这里也许能够找到犬齿兽亚目与哺乳动物的直接联系。大约 40 年前，牛津大学的汤姆·肯普博士曾率队考察这里，但后来相关的古生物研究并没有充分开展，哪怕是粗率的考察。

前几年，在巴西发现了与卢安瓜谷完全同种的犬齿兽亚目化石。在我脚下这片甘蔗田里，也许蕴藏着又一座“金矿”。但这可能需要专门组织一支考察队……

在巴西的最后一项活动是考察伊拉蒂统地层。该地层位于一个巨大的采石场，景象很壮观：地层首先切过一处泥岩，这里蕴藏着巴西一半以上的陶瓷用黏土，然后是黑黄交错纹理的岩石，就像虎皮一样。巴西同行称其为二叠纪韵律层。我们逐渐发现更多独特的故事。大约2.5亿年前，在泛大陆极度干热的腹地，沉积物沉入了一片巨大的陆间海中。这和前面提到的硬石海的情形类似，但是规模更大，海水灌入了泛大陆的中心地带。特提斯海（或者是泛大洋的一部分）把触角深入泛大陆，同时带来了许多海洋生物。

我们在这里发现了大量介形亚纲动物化石。如果这类化石数量多而种类少，则说明化石产地曾经是盐水环境，或者盐度极高，或者是由盐水向淡水过渡。化石层与黑色的富含有机物的页岩交替出现，说明当时水中含氧量很低。接着，令大家兴奋的事情发生了：我们发现了不一样的化石！有许许多多的肋骨和脊椎骨化石！有些化石中的关节清晰可辨，非常完整！它们是中龙的化石（图2–3）。中龙是爬行动物演化道路上的重要里程碑，是水生爬行动物由陆生爬行动物演化而来的标志。它们长得很像短吻鳄，不过个头很小。一些古生物学家认为它们以水面上的藻类为食。它们的牙齿就像鲸须一样，可以过滤食物，不过更原始。也有人认为它们的主食是体型特别小的介形亚纲动物。至于它们到底生活在陆间海中还是海洋中，尚无定论。也许，中龙为其演化的后代铺平了通往海洋的道路，自己却没能躲过很快到来的生物大灾难。（也许躲过了？）

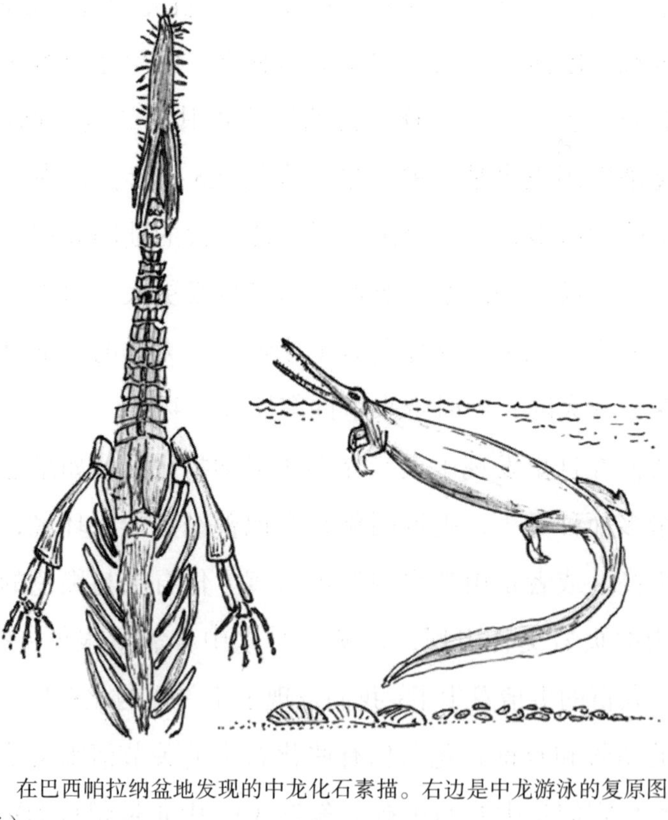

图2–3　在巴西帕拉纳盆地发现的中龙化石素描。右边是中龙游泳的复原图（体长约0.6米）

因为对这种重要的生物所知甚少，我的一位同行，赫瑞－瓦特大学的帕特里克·奥博尔特（和我一同来巴西考察）开玩笑地说，等他退休了，他要读一个中龙博士学位。

我们原本计划在此地停留一个小时，可因为中龙化石的发现，延长了好几个小时。在这期间，一只小猫头鹰始终在好奇地看着我们。这里的岩石风化很严重，所以动物很容易在上面凿出洞来。刚来的时候，太阳还高高地挂在头上，而现在，太阳已经落山。大家喝着冰镇啤酒，兴奋地谈论着白天的发现，非常愉快。

热点与裂谷

本章的内容之一是讨论与泛大陆的形成、内陆的特性，以及大陆边缘的河流有关的问题。当特提斯洋的其他三面与泛大陆接触的时候，它还一直向东延伸。在大约 2.6 亿年前，当泛大陆完全形成的时候，特提斯洋的边界才完全确定下来。它和泛大洋的边界，是其东边由一些星罗棋布的小岛组成的岛弧。在板块运动和海平面变化的作用下，特提斯洋的一部分不断进入泛大陆，海水造成了许多浅海。许多海洋生物随海水进入内陆，使这里不再荒凉。但这些季节性的浅海往往很快就干涸了。水分蒸发后，盐类（氯化钠和硫酸钙等）就形成厚厚的沉积层，地质学中称其为蒸发岩。

现在我们已经知道，泛大陆的分裂是不可避免的。它仅仅稳定地存在了几千万年，然后就缓慢分裂，并且发生漂移。与此同时，在泛大陆上出现了深深的裂谷（图 2–4），这是地球历史上最令人难忘的一幕，但人们对裂谷的了解却远远不够。大量熔融的玄武岩从裂谷中涌出，如今，特别是在大西洋沿岸，还能看到这种地质活动的遗迹——古熔岩流和侵入岩脉。

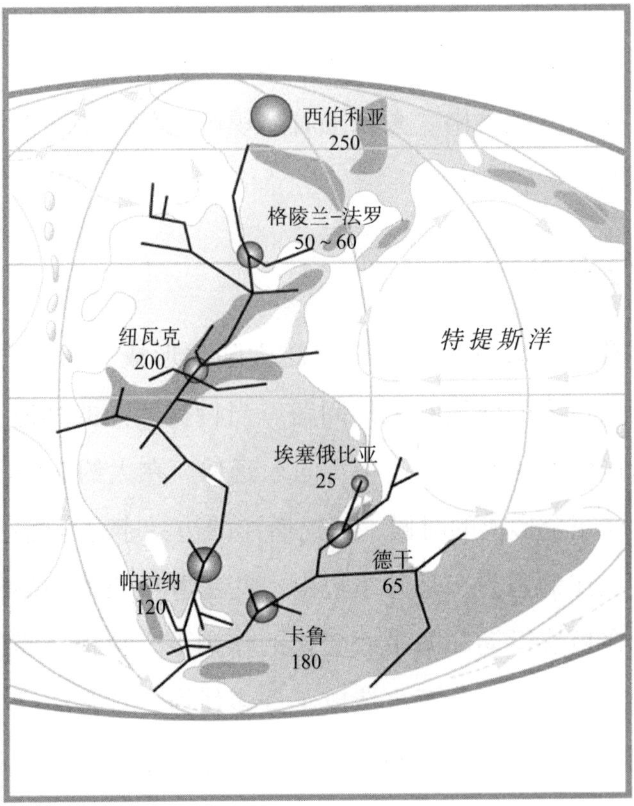

图2-4　二叠纪—三叠纪地球上的大裂谷，表明了泛大陆在分裂之前，经受了强烈的拉伸。图中的圆圈表示主要的火成岩区，都有强烈的火山活动，数字表示发生时间（百万年前）。较年轻的火成岩区和最近的裂谷形成有关

地壳是非常坚硬的。与之相比，地壳下面的地幔和地核似乎活跃得多。地核中蕴藏的热量是驱使地幔热对流和地球板块运动的根本动力。在地壳下有些地方，会形成地幔柱，

地幔柱上升，形成热点。就像现在的冰岛和夏威夷下面那样。岩浆和火山灰从热点喷出，当大洋板块运动至热点上方，就会形成岛屿或岛链。亚速尔群岛、佛得角、毛里求斯和加拉帕戈斯群岛也都是著名热点。但所有这些都发生在海洋里。如果热点形成在陆壳下方，又会怎样呢？

像泛大陆那么大的超级大陆下方肯定有多个热点。实际上，现在地质学界普遍认为，如果一块大陆面积足够大，那么它的下方必然会出现热点。在各种场景中，从一个单一热点产生的过量的热导致其上部地壳向上凸起，直到出现径向裂隙。最大的裂隙一般有三条，称为三联裂隙，它们交汇的地方称为三联点。部分或全部裂隙会发展成裂谷。熔岩会从这些裂谷涌出，又使裂谷变宽、变深。特提斯洋的前身会流入这些裂谷，有些裂谷特别深，新的洋壳形成了又深又狭窄的洋盆的底部。

在东非，目前或近期的热点活动的特性和作用是一目了然的。埃塞俄比亚高原的中心在埃塞俄比亚首都亚的斯亚贝巴，高度在 4000 米以上，它是由位于埃塞俄比亚热点上方的穹隆演化而来的。此处的三联裂隙分别变成了东非裂谷、亚丁湾和红海。后两者都具备了早期海洋的雏形，而东非裂谷也有开放的趋势，会逐渐变成海洋，并把非洲分成两块。最后一章还会提及这部分内容。

泛大陆也曾经如此。这块大陆表面先是出现许多裂隙，裂隙越来越深、越来越宽，变成了裂谷。如果裂谷持续加深并扩大，特提斯洋和泛大洋的海水终将流入泛大陆。在这些强大力量的作用下，地球表面在以极慢的速度发生着变化。因此，我们现在有必要进入下一章，看看一个正在经受震动和撕裂，但还没有被撕成碎片的世界。

第 3 章

生命的灭绝、演化和大循环

时间是一条曲折的河，裹挟万物。
无论是庞然巨兽，还是参天大树，
谁都逃不过它的驱策。
化为尘埃，又变作石头，
是它们的共同归宿。
直到明亮的阳光把它们照耀。

——巴勃罗·聂鲁达《天石集》
（詹姆斯·诺兰 英译）

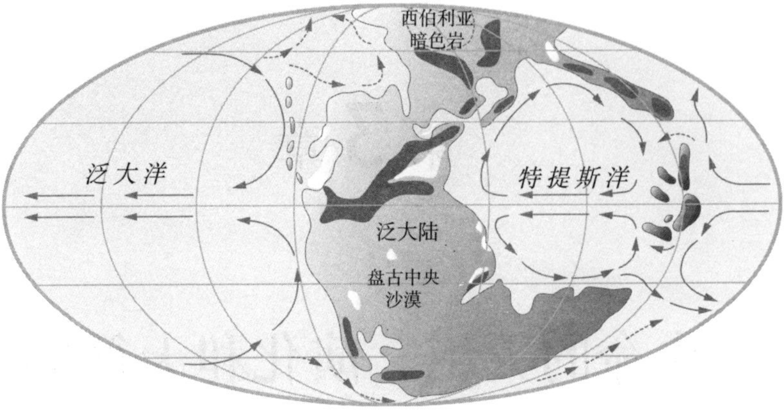

早三叠纪时期的特提斯洋（2.4亿年前）。图中标出了全球海洋循环路径，以及主要的山脉、荒漠和蒸发沉积矿床。请注意西伯利亚暗色岩的位置和范围，这一火山岩区域在二叠纪向三叠纪过渡时（2.5亿年前）非常活跃

灾难即将发生！什么灾难？新生的大洋将面临怎样的巨大变化？在特提斯洋刚形成的时候，一切看上去都很正常，至少在局外人看来如此。特提斯洋横跨赤道，气候温和，生物繁多。早在冰室期之前，冈瓦纳大陆还没有成为泛大陆的一部分的时候，特提斯洋就和冈瓦纳大陆开始了“亲密接触”。特提斯洋非常宽广，它的表层海流形成了两个巨大的涡流。赤道北边的涡流顺时针运动，而南边的涡流逆时针运动。这个现象是地球自转产生的科里奥利力引起的。飞机在飞行时不可能飞直线，现代洋流的旋转方向与远古一样，浴缸里的水在从下水口流出去的时候形成漩涡，都是因为受到科里奥利力的作用。

在赤道附近，当南北两个涡流交汇时，原本会形成强烈的向西运动的洋流。这股洋流流经特提斯洋边缘的岛屿时，想必是发生了大面积海水上涌。温度较低的水体翻涌上来，并且带起海底沉积物中的营养物质,使其在海洋中循环。今天，这一幕仍然在上演，例如在秘鲁和纳米比亚沿海。海洋学家已经用计算机做出了过去、现在和将来的洋流循环模型。这一赤道上升流流经的海域估计占特提斯洋的三分之二。在特提斯洋的最北端和最南端，也各有一个发生海水上涌的区域。

在这些区域，生物特别繁盛。阳光能照射到的浅海区域，生活着大量藻类。它们是海洋食物网的基础，也是晚二叠纪特提斯洋中许多生物的主要食物来源。微小的甲壳类动物以更微小的浮游植物或落向海底的生物碎屑为食。这里还有一种重要的动物——三叶虫。它们繁衍了足有 2.5 亿年。在古生代海洋中，到处可以见到它们。有些三叶虫长得很像土鳖虫，而有些三叶虫体长超过半米。在它们周围，总是有不计其数的牙形石游来游去。这些牙形石非常小，很像鳗鱼。这些古生代的节肢动物和现代的节肢动物大不相同，珊瑚礁附近的动物都长得非常怪异。海百合像个巨大的灯笼，各种各样说不上名字的鱼在岩石缝隙中像飞镖一样游进游出，或是为了觅食，或是为了避免成为猎物。鲨鱼是顶级猎手，这个独特的物种演化得非常成功，它们经受了时间的考验，至今还是海里的霸王。

但是，在特提斯洋诞生不久，世界就发生了永久的变化，这种繁荣的景象一去不复返了。这是 2.5 亿年前，此后，古生代的生物在一个新的大洋中繁衍了 600 万年，然后，巨变来临了。一般人可能难以想象，地球上的所有生命差一点儿就完全灭绝！这是千真万确的！这是一场有史以来最大的灾难，有许多地质现象可以证明。地球上有 90% ~ 96% 的物种都灭绝了，而海洋生物遭受的损失比陆地生物更大。人们一直在灾难留下的遗迹中寻找这次大灭绝的原因，发现灾后 500 万年海洋才恢复生机。特提斯洋焕然一新，生命再度繁盛。然而此时，万物真的命悬一线。

在地球发展史上，演化和灭绝永远交织在一起。物种的起源、发展和灭绝是个很复杂的过程，很难令人理解。在过去的某时某处，如果条件适合，则会发生物种大爆发，就像寒武纪那样（远早于特提斯洋的出现）。类似这样的巨大变化都标志着新的地质时期的开始。因为在很大程度上，代和纪就是根据物种的兴衰划分的。在其他地质时期也有大量物种的快速灭绝，甚至整科的物种都会同时灭绝。这种大规模物种灭绝的事件在地球历史上出现过多次（图 3–1）。它们包括我们将要讨论的二叠纪—三叠纪物种大灭绝，以及导致恐龙消失的白垩纪—古近纪物种大灭绝。对于后者，公众和科学界的关注度都很高。但是公众的热情不可避免地引发了许多毫无根据的猜测和站不住脚的理论。实际上，恐龙灭绝的真相要复杂得多。

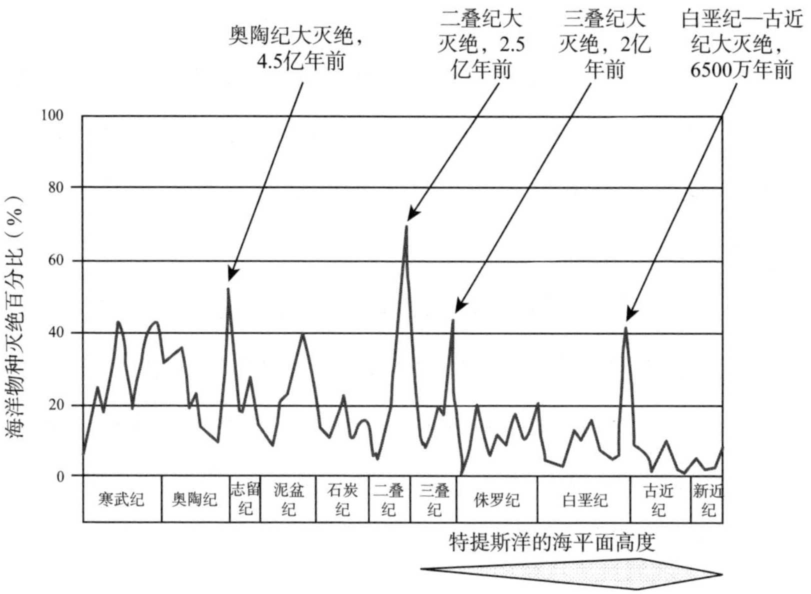

图3-1 显生宙物种灭绝时间表，显示了过去5.5亿年间各个时期的物种灭绝百分比。可以看出，有4次大的物种灭绝

多少？多快？

在讨论地球历史上的物种灭绝时，人们自然会问："地球上到底存在过多少动、植物以及其他生命？一个物种到底可以存在多久？"要回答这些问题，首先要确定现在存活的物种有多少。可是，我们很难找到准确的答案。目前普遍接受的看法是：500万到1000万种。其中，体型较大的哺乳动物有确定的名字，这部分动物有4500种左右，而对于昆虫，现在只能估计，大约有一二百万种。

地球上的生命，还有太多未解之谜。有些领域，人们基本上还未涉足。例如，热带雨林中的昆虫，海底沉积物中的细菌，黑烟囱附近的美丽而奇怪的生物，或者黢黑的深海中的动植物……据报道，每年会发现 1 万种新生物，但同时，却有 3 万种生物消失了。正是人类的活动，导致生物灭绝速度如此之快。

相比之下，要估计过去存在过的物种数量就更难了。特别是，古生物学家研究表明，95% 的古生物根本无法形成化石。这是因为，有机质是很难保存下来的。生物一旦死亡，微生物对遗体的分解就开始了，而且特别高效。即使没有微生物，遗体还要面对极端的物理和化学环境，从而很难石化。即使一些能变成化石的生物，也并不具有代表性。一些贝类，因为有坚硬的壳，所以容易变成化石。而昆虫就很难变成化石（除非是琥珀，即昆虫被裹在树脂中），像水母、蠕虫等全身柔软的动物就难上加难了。多数古生物学家认为，地球上曾经出现过的生物有 7.5 亿种。古生物学家甚至还对它们进行了目和科级的分类。这样就能根据时间确定科的数量变化，从而能划分出物种快速增长的时期和快速减少的时期，以及能够反映出主要地质时期的不同的物种进化分组。

显然，物种演化的速率是不均匀的。当一块处女地刚刚出现生物时，物种的演化和形成速度很快。例如，加拉帕戈斯群岛。这是一片与世隔绝的火山岛，在一二百万年前因为热点作用而浮出水面。之后，植物很快就在群岛上蔓延，昆虫也接踵而至，然后，第一批长得像麻雀的小鸟从南美飞来，并且很快成为这里的优势物种。它们在岛上演化出 14 个种，有些捕食小型昆虫，有些吃坚果，还有些靠植物种子为食。而另外有些物种似乎“冻住了”，不再随时间变化，因此也就成了活化石。例如，印度洋深海中的腔棘鱼（现在已经很罕见），和几种最早出现的鱼非常相似。而新西兰的大蜥蜴，和 2 亿多年前在特提斯洋岸边蹦蹦跳跳的祖先相比，也没什么变化。但是最著名的要数舌形贝了。这种软体动物在海床上柔软的地方打洞，以此躲避危险。这是一种“被时间遗忘”的动物。我曾经在南威尔士的奥陶纪沉积岩中发现过这种动物的化石，对比发现，5 亿年来，它根本没有变化。

和以上这几个特例相比，多数物种的存在时间不超过 1000 万年。哺乳动物、鱼类和甲虫的存在时间较短，平均为 100 万到 300 万年。有些昆虫只有短短的数千年。贝类却长寿得多，多数能存在 1000 万年到 1500 万年。总之，生命形态越简单，物种存在时间越长，例如浮游植物和海藻，在 2000 万到 3000 万年的时间里都没有什么变化。看来，生存时间是和具体物种有关的，生物钟在默默地控制着物种的生生灭灭。在研究物种的灭绝时，这是一个需要考虑的因素。

护身铠甲

人们对大约 5.5 亿年前，也就是在寒武纪生命大爆发之前的情况知之甚少。生活在元古宙和太古宙的原始的单细胞和多细胞生命（我们共同的祖先），肯定也有许多精彩的故事。

在海洋中发生的巨大变化，以及火山喷发、天体爆炸，数次使地球上的物种几乎完全灭绝。在二叠纪向三叠纪过渡的时期，可能还发生过比我们想象的更惊心动魄的地质事件，可能我们永远不知道它的细节。但无论如何，地球上的生命还是躲过了一劫，并且成功地繁衍到今天。

物种演化的速度比达尔文想象的慢得多，而且在 40 亿年的时间里，一直是在海中进行的。肯定有过一种进化得很好的物种藏在某处，等着登上舞台的那一刻。在大约 545 万年前，动物进化出骨骼，这样，它们的化石就更容易保存下来了。这是显生宙开始的标志。在整个显生宙，几乎每个纪都有一个灾难性的物种灭绝事件（图 3–1）。然而，在从隐生宙到显生宙过渡期间，我们无法确定自然环境发生过巨大变化，这种变化本来是会导致惊人的物种进化的。与以前的两次冰期相比，当时的气候是很温暖的。全球变暖和海平面上升造成了许多浅海生态环境，它们可能是当时物种大爆发的原因。更可能的原因是当时海水（或大气）成分的化学变化。但以上说法还都是猜测，有待进一步研究。

无论真正的原因是什么，更多样化、更先进的动、植物群落迅速占领了寒武纪海洋。这就是“寒武纪大爆发”。含钙的藻类、有硬壳的蚌类、腹足类和棘皮动物悉数登场。这时，珊瑚虫、海百合、三叶虫和笔石也出现了。这些动物在海中或游、或爬、或漂浮。还有许多物种匆匆来去，它们都比以前的生命复杂、怪异，都努力在大海中占据一席之地。

和寒武纪大爆发一样突然的是，许多新物种的身体演化出了坚硬的部分，它们是由钙或硅形成的。不过和现代意义上的含磷的骨头还不一样。动物的身体为什么会出现硬壳？这个问题和“寒武纪为什么突然出现这么多动物”一样有意思。从进化论的角度来看，这种变化必然给物种带来明显的好处。许多科学家提出了自己的解释。例如，这样可以帮助生活在海面附近或浅海的动物避开强烈的紫外线；可以使潮间带的动物在退潮时保持体内的水分；可以抵挡猎食者的尖牙利爪；它提供了一个“骨架”,帮助动物生长,也为肌肉组织提供了支撑。这些解释都有一定道理，但都不够充分。无论如何，动物的矿物质硬壳比软体组织容易保存得多，如果没有硬壳，就几乎不会有化石，我们也就无法得知当年的特提斯洋中有哪些生物（有些物种一直繁衍到二叠纪晚期）。

古生物学家对显生宙物种演化的研究比显生宙之前要细致得多。这个时期能够以 2.5 亿年前的二叠纪大灭绝为界，划分为前后两部分。根据化石信息，我们还可以发现另外 4 次大灭绝和 10 次小灭绝。现在，我们正处于一次大灭绝之中，而这次大灭绝是我们人类一手造成的。这些灭绝似乎有神秘的周期性，至少从二叠纪大灭绝开始，每隔 2600 万 ~ 3000 万年就会发生一次。但这些时间还很不准确，而且产生周期性的原因也众说纷纭。

围绕着生物大灭绝，民间有种种传说，中间掺杂着许多貌似科学的解释。关于这一点，读者可以看看围绕着白垩纪—

古近纪灭绝事件的诸多猜测。有许多文章提出的观点都是荒诞不经的，我后面会提到。实际上，要对物种大灭绝进行解释，必须充分考虑各种因素，例如，疾病、物种竞争、种群过剩、灭绝速率以及环境变化，包括气候变化、海平面变化、海水和大气成分变化，甚至地外天体事件。

回光返照

现在我们还是回到古生代晚期的晚二叠纪吧。古生代的结束就是以物种大灭绝为标志的。在大灭绝之前，地球上生机勃勃。当然，在这期间也有许多地方生存条件恶劣。例如，在泛大陆的腹地，气候极端干热，而在海边，全是一片片白花花的盐碱地，不过即使在这种环境中也在进行着健康的生存竞争。因此，古生代生物的整体繁荣是毫无疑问的。为了更加深入地了解当时的古生物，我考察了三处差别很大的地方：俄罗斯的乌拉尔山，澳大利亚西北部，还有位于美国得克萨斯州西部和新墨西哥州东南部的瓜达卢普山。

我总觉得乌拉尔山非常神秘，有一种超自然的力量。山脉主体近乎笔直，长达 2000 千米，从俄罗斯西部平原向北接近北冰洋，向南直到哈萨克斯坦。在泛大陆最后一个造山期，俄罗斯的西部和亚洲与欧洲相撞，形成了乌拉尔山脉。在随后的 2.6 亿年中，山体不断剥蚀，因此目前山势平缓，最高峰不超过 2000 米。后来我每次坐飞机飞过乌拉尔山的时候，总想起那些巨大的土坝，它们把东部贫瘠的西伯利亚和西部起伏的丘陵、肥沃的田野分隔开来。

波尔姆（Perm）是乌拉尔山脉西部的一座工业城市，卡马河流经这座城市，两岸人口约100万。从任何方面来看，波尔姆都和它的友好城市——英国的牛津——大不相同。宽阔的卡马河向南流去，注入伏尔加河，最终和黑海、里海、亚速海、白海、波罗的海连为一体。这为波尔姆平添了一份独特的魅力。19世纪英国地质学家罗德里克·莫奇逊、拉脱维亚科学家亚历山大·盖沙林和法国古生物学家埃德瓦多·维尼尔在波尔姆郊外发现了一套新的岩系，它和欧洲的镁灰岩蒸发岩系（上一章曾提及）的形成时间是一样的，但完全是海相成因的，其中有大量海洋生物化石。莫奇逊根据这些沉积岩划分了一个新的地质时期——二叠纪（Permian Period）。莫奇逊的观点在当时备受争议，直到1948年才获得国际承认，二叠纪也就成为一个正式的地质年代。

在晚二叠纪，波尔姆一带淹没在特提斯洋北缘的浅海中，因此，此地提供了那一时期海洋生物的大量重要信息（图3-2）。三叶虫是强大的食腐动物，它们已经在海底生活了将近3亿年了。它们头上游弋着海蝎子和虾。腕足动物的势力也很强大，它们是我们如今常吃的贝类的祖先。这些腕足动物的大小和形态不同，但都用坚硬的钙质外壳把自己固定在海底，有的壳很光滑，有的却长满了刺。它们常常成片地粘在岩石上，周围是大量双壳类软体动物、腹足类（海螺）、海百合和苔藓虫等。还有一类很引人注目的动物就是蜓，它们属于单细胞有孔虫目，一种演化极为成功的原生生物。单个儿的蜓能长到 2 厘米大小，体型很像雪茄，往往几百个蜓生在一起。蜓是在二叠纪末期灭绝的。

图3-2　根据特提斯洋化石绘制的晚二叠纪海洋生物示意图
①鹦鹉螺；②海百合；③四射珊瑚；④多刺的腕足动物；⑤三叶虫；⑥硬骨鱼；⑦苔藓虫；⑧海蕾；⑨玻璃海绵；⑩灯笼贝（腕足类）；⑪叠层石

看到二叠纪的蜓类化石，我非常开心。35 年前，作为剑桥大学的毕业生，我利用暑假去希腊的伊兹拉岛进行了一次地质考察。我们在岛东南几处新的地点发现了大量二叠纪蜓类化石，以及珊瑚、腕足动物、软体动物、海百合和苔藓虫。

这是我第一次接触特提斯洋，基本上也是第一次和蜓打交道。在此基础上我发表了自己的第一篇科学论文（1975 年），伊兹拉岛的亚热带古生物化石群落比波尔姆更丰富，其结构与今天中东地区类似。

在特提斯洋的南缘，宽广的浅海淹没了今天的巴基斯坦和印度的一部分。这部分区域是在创造了喜马拉雅山和澳大利亚北部沿海的板块碰撞中捕获的。此地气候温和，比泛大陆多数地区都湿润，因为在特提斯洋沿岸的降水比内陆要多。在河流入海口，形成许多沼泽地一样的三角洲和滨海平原，和我们今天看到的一样。这些地方最终会形成煤藏。我在许多地方见到过二叠纪的煤藏，但给我印象最深的，要数澳大利亚西北部。在澳大利亚其他地方（新南威尔士、维多利亚、塔斯马尼亚）和印度、非洲南部和南美洲也发现了同时期形成的煤藏和化石。有趣的是，这一时期上述地区的植物都很独特，在其他地方很难见到。

面对澳大利亚西北部晚二叠纪的大量化石，是一种很神奇的经历。我感觉远古昆虫在嗡嗡作响，眼前蔚蓝的太平洋似乎变成了特提斯洋。森林的时代就要过去了。这个时代在特提斯洋形成之前已经延续了 1 亿年。在物种演化史上，这是一个非常重要的阶段，是一个酝酿着巨大的毁灭性的灾难的阶段。此外，石炭纪的劳亚大陆和二叠纪的冈瓦纳大陆（泛大陆南部）的茂密的森林为后来的人类储藏了大量的煤，助推了 18 世纪和 19 世纪的工业革命，而现在的全球变暖，也是因为燃烧这些森林变成的能源而产生的。

这些广袤的森林清楚地表明：海洋已不再是生物唯一的家园。2亿年至3亿年前，在我脚下这片地方（晚二叠统），细菌、藻类、地衣和蘑菇正在疯狂生长，装点了原本一片荒凉的大地。有些海草长出了硬壳，这样，即使失去了水的浮力，它们也能在海边生存下去。泛大陆很快就变得一片翠绿，和蔚蓝的大海一样生机勃勃。陆生植物的迅速繁衍产生了全球性的影响。

在这个长满了陆生植物的美丽新世界，由于光合作用，二氧化碳迅速转化成氧气。当空气中的氧气含量达到一定程度，长有肺的动物就可以在陆地上生存了。某些能与细菌共生的植物获得了直接从空气中吸收氮气的能力。而维管植物则通过蒸腾作用把土壤中的水转移到大气中，这显著地影响了全球的降雨、气温和大气循环。在各种外力和化学反应的作用下，不断有落叶层和其他植物碎屑出现，它们是土壤存在的前提条件。以前营养循环只能发生在海水中，而现在，一切都变了。

植物已经为统治陆地铺平了道路，接下来要看动物的了。在二叠纪晚期的大森林里（就像澳大利亚西北部这样），生活着许多动物，有昆虫，有喜欢沼泽地的两栖动物和早期的爬行动物，还有马陆、蜈蚣、蝎子和蜘蛛的远祖。昆虫在这里第一次学会飞行，从而得以迅速演化。它们的个头大得吓人，特别是在二叠纪之前的石炭纪。已发现的化石表明，那时的蜉蝣和蜻蜓的翼展竟然有 70 厘米！这种尺寸可能是由于石炭纪和二叠纪空气中含氧量极高所致，这在昆虫进化史上是空前绝后的。

可以说，没有植物的演化，就没有今天的地球。假设有一棵成年的树，其树干能覆盖 6 平方米的地面，那么这棵树总共能提供 11 000 平方千米的“表面积”供其他生物栖息（这个数字是前者的 1800 倍），包括树叶的两面，树枝、树皮（如果是死去的枝条，还包括树皮的内侧），等等。在二叠纪，这样大小的树非常多，而稍小一些的植物更加不计其数，包括巨石松、木贼、蕨类和出现于石炭纪的孢子植物，以及新出现的种子蕨，例如，舌羊齿。舌羊齿化石广泛分布于南半球的大陆上，例如，南美洲、非洲南部、澳大利亚，甚至南极洲。这种化石和前面提过的在巴西发现的中龙化石一样，都是“关键化石”。魏格纳在阐明他的大陆漂移说时，就是用这些关键化石来证明现在分离的大陆曾经是连在一起的。

我在瓜达卢普山的考察比较短暂。站在悬崖上，目睹着白色的峭壁在落日的余晖下变成粉红色，是非常惬意的。放眼望去，广阔的德勒维尔盆地和米德兰盆地一片静谧。我不由得屏住了呼吸。但相比眼前的景象，脚下的岩石更吸引我。这些高大的珊瑚礁岩层拔地而起，它们形成于 2.5 亿年前，之后似乎一点儿都没有变过。在二叠纪，珊瑚礁从海底向海平面以上抬升了 600 米，阻挡了企图深入泛大陆的边缘海。

当地人称这些礁石为埃尔卡皮坦礁。它们围绕着德勒维尔盆地，长达 750 千米。在礁石和周围的石灰岩中已经发现了 350 种化石。今天很常见的造礁珊瑚那时还未出现，因此，这些巨大的礁石是苔藓虫、钙质海绵、多刺的腕足动物、绿藻、海百合（图 3–3），以及海蕾共同建造的。在陆地上，森林为许多生物提供了栖身之所，而在二叠纪海洋中，这些礁石就起到了森林的作用，各种鱼、虾和水母在礁石周围游弋，螺旋菊石和鹦鹉螺在忙着觅食，雄踞食物链顶端的，则是凶恶的鲨鱼。

图3–3　晚二叠纪特提斯洋中的典型生物化石——海百合。取景宽度10厘米（巴里·马什拍摄）

一个时代的结束

2.5亿年前，一定是发生了什么不寻常的事情，这几乎是毫无疑问的。大约有50%的科的生物永远灭绝了，占地球上所有物种的90%～96%，其中多数是海生的。因此，这次物种灭绝对海洋世界造成了巨大冲击。在这次难以想象的灾难发生之前，海洋世界是五彩缤纷的（虽然多数生物和现在不一样）。经过了1亿年的演化，海洋中的食物网已经变得非常复杂。此时的陆地上也是生机勃勃，森林郁郁葱葱，昆虫和其他生物都在忙忙碌碌地繁衍生息。前文对这些景象已有描述。然而，大幕即将落下，乌拉尔山、澳大利亚、埃尔卡皮坦，以及其他许多地方，突然变得一片死寂，再也无法恢复生机。

单体珊瑚、海百合、笔石和硬壳苔藓虫大都灭绝了。几乎所有的160种腕足动物也都灭绝了。而三叶虫（图3-4），这种同时光搏斗了3亿年的节肢动物，正在海底进行最后一次逡巡。在透明的上层水域，大量浮游生物也面临同样的厄运。这一区域本来是体型更小的有孔虫和放射虫的乐园，然而，乐园即将不复存在。而在陆地上，劳亚古陆和冈瓦纳古陆的大片针叶林以及独特的舌羊齿植物都倒掉了，森林中的昆虫和其他小动物当然也无法幸免。已经发现的化石表明，这是昆虫第一次也是唯一一次大规模灭绝，有整整8个目的昆虫彻底消失了。

图3-4　晚二叠纪特提斯洋中的三叶虫化石。照片右侧的那个小三叶虫为了保护自己而把身体蜷缩起来。取景宽度15厘米（克莱尔·阿什福德拍摄）

还有一个问题同样令人费解：为什么有些生物就能逃过大灭绝？鲨鱼和其他许多鱼，以及底栖无脊椎动物（海螺、双壳类和有孔虫），不知何故，都毫发无损。一些陆地上的植物也成功地活了下来。幸存者中，还有一些体型较大的很像哺乳动物的爬行动物和和两栖动物。

这次大灭绝的规模和结果都是空前的，其原因和持续时间至今还不清楚。因为几乎在世界上任何地方的二叠系到三叠系的过渡地层中，都很难发现含有较多化石的层序。在海底，也难以获得这一时期的岩石，因为海底的年龄要年轻得多。而在陆上，要么是这一时期的岩石中有明显的层序缺失，要么是具交错层理的红色砂岩中根本没有化石。只有在巴基斯坦的盐山和格陵兰的岩石中保存了这一大事件的完整信息。另外，由于缺乏有关数据，这次大灭绝通常被认为是一件旷日持久的事情，也许持续了 800 万 ~ 1000 万年。当然，有些物种在大灭绝之前很久就开始逐步消亡了，但这种情况毕竟不多。而最近在格陵兰的研究表明，有很多物种的消亡速度很快，它们在地球上只存在了 8 万年。

可能有两个环境因素共同导致了引人注目的后果。第一个因素是，在二叠纪，几个陆块缓慢地融合在一起，形成泛大陆。其影响是多方面的。在显生宙 5 亿多年的历史中，海平面在这一阶段降至最低，比二叠纪初期低 250 米，比特提斯洋水位最高时低 300 米。海水不断退却，直到大陆架仅有 13% 的区域被海水淹没，这直接导致生物多样性受到严重破坏，生态变得极不稳定。大陆架本来是海洋生物界的“苗圃”和“温室”，如果它受到破坏，那么后果将是灾难性的。在第 6 章讲述大洪水时，我会介绍导致海平面发生变化的几个原因。这一时期，大陆气候也极端恶劣，严重影响了陆地上的动植物生存。

海平面下降还有一个重大影响，那就是许多富含泥煤的三角洲和沼泽都暴露在空气中（它们是石炭纪和二叠纪的大森林形成的）。这些高碳含量的沉积物迅速氧化，释放大量二氧化碳，经过海－气交换，二氧化碳进入海水，从而导致全球变暖和海水中化学物质的变化。

第二个因素是密集的火山爆发。在乌拉尔山及山脉以东有许多这方面的证据。在这一区域,西伯利亚暗色岩的存在（层状的连续熔岩流）表明剧烈的火山喷发导致大量玄武岩涌出。现在这里有二三百万平方千米的土地覆盖着玄武岩。在第2章介绍泛大陆的分裂时，曾提及地幔柱。西伯利亚暗色岩就是一个超级地幔柱。很难确定这次火山爆发的开始和结束时间，但它肯定持续了不足100万年，也许更短。大量火山灰形成的“乌云”遮蔽了阳光,形成了“核冬天”一样的环境。从火山喷出的二氧化碳、二氧化硫以及其他温室气体导致全球变暖，而氟、酸雨和微量金属则毒化了大气和海洋。

总之，我认为，上文提到的各种环境因素肯定使海水的化学成分发生了根本性的、巨大的变化，而这种变化是二叠纪海洋中发生大灭绝的根本原因，因为它对海洋中的生物链而言是个巨大的灾难。

根据现在掌握的证据和研究资料，我们已经尽力把这个很久以前的故事讲清楚了。在如此恶劣的环境中，物种灭绝的速度大大加快。在陆地上，某些植物的灭绝，在海中，藻类和其他浮游生物的灭绝，影响了许多以它们为食的动物，最终也影响了位于食物链较高处的食肉动物。当生境发生恶化时,竞争就不可避免地加剧了。当分离的大陆连接在一起时，疾病对动物的威胁空前增大。总之，这是一次空前的生物大劫难，很久以后，生物界才从这次打击中恢复过来。广袤的特提斯洋曾经是许多生物的避风港，却在这次灾难中，首当其冲。进入早三叠纪后，特提斯洋逐渐从劫难中恢复过来，而同时期的陆地仍然非常炎热，寸草不生。要到500万年之后，陆地才能恢复生机。看来，温暖而诱人的海洋世界要恢复得快一些。

物种灭绝在持续

有趣而令人伤感的一章就要结束了。最后我们拿二叠纪—三叠纪大灭绝和现在做个比较。结果是非常令人震惊的：自从生命出现以来，平均每年有1到10个物种灭绝；而从1990年到现在，每年竟然有1000到10 000个物种灭绝，基本上创造了二叠纪以来物种灭绝速度的最高纪录；有人甚至认为，有许多物种还没有进入人们的视野就消失了。而在未来30年，这个数字可能要增高10倍。

这一可怕的景象是人类活动的直接或间接后果。许多大型哺乳动物被人类捕杀殆尽。另外一些动物的消失，是由于它们的栖息地被人类霸占。人类砍伐森林已经有上千年的历史，如今这一厄运落在了热带雨林头上。有许多物种还没有被人们发现就灭绝了。生物多样性遭到了严重破坏。人类活动还造成了全球污染，本来很适合生物生存的陆地和海洋环境都面临着毁灭。至于使用化石燃料对全球变暖的影响，已经有很深入的研究。关于这一点，读者必须知道，气候变化是地球历史上数次物种大灭绝的最重要因素之一。如今，许多物种濒临灭绝，这种情形和晚二叠纪的特提斯洋很像。如果进入海水的二氧化碳越来越多，海水就会酸化，从而导致许多物种的生存危机。二叠纪晚期的特提斯洋可能就是这样吧？

毫无疑问，人类正在亲手制造物种大灭绝，这次大灭绝可能比二叠纪—三叠纪大灭绝还要严重。然而令人费解的是，在今天的地球上，在海洋中和陆地上，物种多样性比以往任何时期都丰富。也许，生物的适应力比我们想象的要强得多，正努力在遭受污染的地方活下去，我们只能静观其变。但可以肯定的是，人类肆意妄为造成的恶果还未完全显现。

第 4 章

侏罗纪，丰饶的特提斯洋

在莱姆脚边，石灰岩下，
侏罗纪在酣睡。
海水悄悄流过，
将长眠的化石抚摸。
老黑文，那个走私犯，
在这里埋下至宝——菊石。
远古的生命，
蜷缩在它的螺纹中。

——佩尼利《侏罗纪》

（译者注：黑文，Black Ven，英格兰多赛特郡海边的一处悬崖，在此处发现了许多古生物化石。莱姆，Lyme，黑文附近的一个海湾。两个地方都属于世界遗产“侏罗纪海岸”）

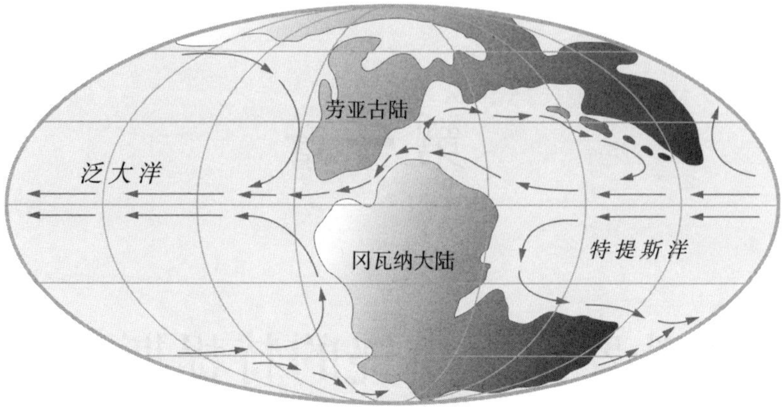

侏罗纪中期（1.75亿年前）的特提斯洋。图中也绘出了洋流。特提斯洋的西缘把巨大的泛大陆分成了两部分，北面是劳亚古陆，南面是冈瓦纳大陆

在经历了一次大浩劫之后，地球上的生命迎来了新时代。此时，特提斯洋周围是温暖的浅海，这里成了理想的"养育室"，无数全新的动植物蓄势待发，准备创造一个新世界。从最原始的生产者，到凶猛的掠食者，新的食物链正在形成。在特提斯洋北部的大陆架上，有一块深水海绵礁，它是许多生命的绿洲。在某个远离海绵礁的地方，也许是在海滨的某块沼泽地中，原始的槽齿目动物（外观很像鳄鱼）已经演化成最早的恐龙。这标志着恐龙时代（也可以说是爬行动物的时代）的到来。与此同时，一种名叫尖齿兽的动物悄悄登上了舞台，它长得很像鼩鼱，是地球上第一种哺乳动物。不过哺乳动物的时代还远未到来。这个时期的动植物都和古生代大不相同，因此地质学家把这一时期命名为"中生代"。世界变得成熟，而海洋走在前面。

海绵死后，其钙质或硅质遗体会变成礁石。这些礁石会成为珊瑚的栖息地，最后分裂成一系列的珊瑚岸和小盆地。这种景观和现在的巴哈马—佛罗里达一带的珊瑚礁并不相同。许多漂亮的鱼儿生活在礁石中，和鲨鱼玩捉迷藏的游戏。当然游戏一旦输了，它们的小命也就没了。这些珊瑚礁最终可以形成潟湖，在湖底雪白而细致的沉积物中往往保存着相当完好的生物化石。在德国巴伐利亚州和中国南海都有此类发现。这些化石标志着一个时代即将来临:有生命即将飞向天空。当然这还需要一定的时间。

处女海

经历了二叠纪动植物的极大繁荣，很难想象，在三叠纪之初的地球，特别是海洋中，物种会如此匮乏。幸存下来的少数机会主义者不仅在自己原有的领地上继续繁衍，而且还大胆出击，占领了二叠纪—三叠纪大灭绝之后出现的“无人区”。双壳类、海螺等底栖动物的数量迅速翻番，在海底所向无敌。海浪蛤是一种很不起眼的双壳类动物，在某些地区，一些岩石基本上就是由它们的化石构成的。从海底往上，幸存的鱼类也在加速繁衍，扩张到它们以前不敢涉足的地方。鲨鱼的情况也差不多。在三叠纪的最初几百万年中，新物种产生的速度似乎很慢。但这种状况并未持续太久。在陆地上和海洋中都有太多的处女地需要探索，有太多的生境可以利用。生物进化是个迟早的问题。

一系列因素——超级大陆的缝合线，超级地幔柱的巨大力量，加上海洋中的各种化学物质——共同肆虐，整个地球都不得不屈服于它们的淫威。我想没有人希望这一幕重演。不过，如果考虑一下现在的物种灭绝速率，读者可能就会觉得当时的自然环境没有那么恶劣了。

但是希望总是存在的。虽然泛大陆还是铁板一块，但至少有那么一段时间，海平面有上升的迹象，气候也变得温和。西伯利亚超级地幔柱已经耗尽了力气，空气也重新变得清新。海水中的二氧化碳含量仍然很高，氧气含量也比以前低，但总算是稳定了。伟大的特提斯洋就是生命的希望，此时，它酸碱度适合，温度适宜，没有什么生物，因此非常适合新生物繁衍。一切让生命爆发的因素都具备了，看来特提斯洋就要改变世界了。

从很多方面来看，随后的4000万年（三叠纪）是个物种进化起起伏伏的时期，有发展，也有挫折;有爆发，也有灭绝。但总体而言,主流是向着物种丰富的方向前进的。首先要说的，当然是食物链底端的生物。在特提斯洋中，出现了全新的浮游植物和浮游动物，它们是其他所有生物的生命线。海平面开始上升，有许多地方，以前是陆地，现在都被特提斯洋淹没了。许多新的双壳类动物和海螺逐渐统治了原本几乎没有生命的海底。这就阻碍了一些微生物的快速繁殖。牡蛎也是在三叠纪出现的。和牡蛎一同出现的，还有许多掘穴生物（多为双壳类生物），它们生活在海底的沙子里面，以沉到海洋底部的生物碎屑为食。帽贝、玉黍螺和马蹄螺在布满岩石的海边繁衍，它们在岩石上慢慢地爬来爬去，以海藻和地衣为食。和它们一同出现的，还有两种至今在海洋中还很兴盛的动物：龙虾和小虾，以及其他一些非常类似的十足目动物。还有一种新生命不得不提，那就是石珊瑚，它们很快就会成为热带海洋中的造礁主力。

也是在这一时期，带壳的菊石出现了，它们在浅海中惬意地游弋着。据统计，在各种菊石中，有四分之一都出现在三叠纪的特提斯洋中。接踵而至的是许多海生爬行动物。在特提斯洋南缘，幻龙在水中逡巡。这是一种长得像蜥蜴的巨大爬行动物，脖子很长，牙齿长而锋利，能够很轻松地咬住鱼。还有一种体型庞大的楯齿龙，牙齿像钳子一样，可以轻松地夹碎牡蛎和其他贝类的硬壳。鱼龙目也是在三叠纪早期出现的，它们的体型很像海豚，适应性很强。

但是，以上这些海洋生物的进化过程似乎并不顺畅，也许，它们是在韬光养晦，要等到侏罗纪才全面爆发。

在特提斯洋岸边，例如，在一些低地和沼泽中，在一些冲刷着沉积物的河流中，有许多时刻都是生物演化过程中的关键时刻。河流中的泥越来越多，泛滥越来越频繁，因为泛大陆的气候越来越湿润（虽然变化速度很慢）。慢慢地，极端干热的沙漠变成了河流冲积成因的三叠纪红色砂岩。在超级大陆形成过程中隆起的山脉不断受到剥蚀。洪积扇的边缘，常称为山麓冲积平原，为许多大河提供了大量泥沙。它们的沉积物，完全与二叠纪沙漠砂岩整合在一起，这就是新红砂岩。

为了研究新红砂岩，我几乎造访了各大洲，踏勘了许多古代河流的遗迹。从巴西到坦桑尼亚，从亚利桑那到澳大利亚，从北欧到东亚，都留下了我的足迹。而在我的家乡，英国西南部的德文郡，也有新红砂岩：从埃克斯茅斯到布特莱萨特顿（这里是英国的最西边），悬崖上呈现鲜艳的红色。这里的砂岩保存完整，因此被列为世界文化遗产。岩层的形成与河流的流向与水流大小有关。红色岩层中往往含有许多植物化石，这些植物当年都生长在河流两岸。经过在韩国的地质勘探后，我就一直期待着更令人激动的发现，例如，发现动物的足迹，发现动物骨头化石等。

2004 年夏天，我和大学同学，也是工作上的长期伙伴，孙泰俊教授（韩国国立首尔大学研究沉积岩的专家），共同研究了一种鲜为人知的沉积物——异重流。这种沉积物由洪水带入海中，密度很大，沉积在海底的陡坡上。最早的异重流可能是在三叠纪由泛大陆的河流造成的，据我所知，还没有什么人研究过它。而我们希望发现比这一时期更年轻的异重流沉积物。我们的工作环境或是在湿热的竹林中，或是在满是致病昆虫的河岸边。因此我们决定放假一天，去海边享受一下海鲜大餐。实际上，地质学家的“假日”通常也是在和石头打交道，只不过比平常的工作日轻松一些。

那天下午我们研究的是三叠纪红砂岩。我很快发现，我们面对的曾经是一些水流虽小力量却很强大的河流。我所处的位置离这些河流的源头很近，它们都流入了特提斯洋的东缘。这些河流可能是间歇性的，当山洪暴发时，水位猛涨，而其他多数时候是干旱的。在砾岩和砂岩中有许多形状不规则、大小不一样的卵石，但突然冒出来几颗非常浑圆的卵石，它们胶结在一起，有些带有裂纹，还有一些外层已经剥蚀了。在附近，我们又发现了好几堆类似的“卵石”。国立首尔大学的古生物学家很快证实：我们发现的是恐龙蛋！原来，我们正站在恐龙的巢穴里！我简直太激动了！竟然没有发现相机处于摄像模式，因此，当时的完整情形都被我拍了下来。

行文至此，必须提一下生物进化史上的一件大事：羊膜动物的进化。羊膜动物的卵是防水的，因此卵可以产在更加苛刻的自然环境中，而幼体可以在里面长得更大，从而成为更具竞争优势的物种。卵中含有蛋黄，为发育中的胚胎提供营养。卵中还有储存废物的地方。同时，卵壳还起到了保护胚胎的作用。壳中有一层羊膜，其中充满了液体。羊膜允许空气通过。这些特征标志着爬行动物从两栖动物中分化出来了，它们一出生就可以在干旱的陆地上生活，而不像两栖动物那样，幼体必须在水中生活。事实上，这个突破是在此之前一亿年开始的，但二叠纪大灭绝无情地毁灭了多数两栖动物的进化梦。而爬行动物中的双孔亚纲却成功地逃过了这次劫难，并且统治了中生代。我们在首尔发现的化石就是它们的卵。它们的后代有恐龙（包括天上飞的和水里游的），还有鳄鱼、蜥蜴和蛇，后面几种都成功地活到了今天。

在结束泛大陆之旅，回到海洋之前，我们再看看植物的进化之旅。在二叠纪末期，植物也几乎全军覆没。之后裸子植物开始繁盛，顾名思义，裸子植物的种子是暴露在外面的，通常长在球果上，花粉通过风力传播。和羊膜动物一样，裸子植物出现于二叠纪大灭绝之前，适合生活在干旱的环境中，但它们的黄金时代是中生代，最终为被子植物的进化铺平了道路。苔藓和蕨类是最早的裸子植物，随后出现的是苏铁、针叶树（松、柏）和银杏，它们都能长成巨大的森林。毫无疑问，如果没有适应性，今天许多植物都不会存在。在热带森林中，会有 100 多种苏铁，还有银杏、掌叶钱线蕨和多种针叶树。在这个时期的红色沉积岩中,往往可以同时发现松树、柏树和紫杉的化石。

最有名也是最壮观的三叠纪植物化石是在亚利桑那州发现的智利南洋杉化石森林。巨大的树干早已石化，分布在干旱而贫瘠的土地上。根据化石可以知道，这种树两亿年来没有什么变化。树石化得非常彻底，也就是说，坚硬的二氧化硅填充了树的每一个细胞，所以树木的结构，包括年轮、树皮和树皮上的结疤都完美地保存了下来。在化石森林附近发现了第一种真正的恐龙的化石，这种恐龙出现于大约 2.35 亿年以前。

恐龙和其他爬行动物的进化与植物的进化高度契合。二叠纪晚期大灭绝重创了食草的爬行动物，而食肉的爬行动物遭受的损失却较小。这部分爬行动物长得很像哺乳动物。当新的植物在三叠纪出现后，一种新的食草类爬行动物也随之出现，并迅速在地球上繁衍。这就是喙头龙，它们长得很像野猪，下巴很宽，有一副强壮的獠牙，可以把植物从地里刨出来。

三叠纪晚期也发生了一次生物大灭绝。陆生植物有 90% 灭绝，陆生脊椎动物有三分之一灭绝，包括不幸的喙头龙。海洋同样遭到打击，三分之一的动物消失了。许多底栖动物，包括双壳类、腹足类，以及新的海胆纲和海百合类动物，这些新特提斯洋的居民，都灭绝了。绝大多数的菊石也消失了，就像它们的出现那样突然，只有一小部分得以幸存，正是这一小部分幸存者，竟然在随后的侏罗纪再度爆发，繁荣程度超过了三叠纪。海洋爬行动物也未能逃过此劫，包括幻龙属和楯齿龙，而它们本来看上去是很适应新环境的。实际上，三叠纪在全球范围内对生物产生的影响是巨大的，就像白垩纪和古近纪最终使恐龙灭绝一样，但谁都不清楚这一时期到底发生了什么，以及为什么会发生这些事情。也许，几乎所有陆生植物以及以它们为食的动物的灭绝都算不了什么，许多海洋爬行动物以及多数菊石的灭绝也算不了什么。三叠纪后期的化石保存下来的很少。

特提斯西进

泛大陆已经开始分裂，特提斯洋也开始扩张。三叠纪共延续了约 5000 万年，这是地球历史中短短的一瞬，但也是最让人迷惑的一段时间。在二叠纪末期，整个泛大陆经受了巨大的张力，最后，大陆上突然出现了裂缝。第 2 章曾说过，这可能是因为泛大陆的巨大重量导致下部地幔过热。当地壳下面有热点，或者热点变成超级地幔柱时，这种观点可能是正确的。但事实是，对这一时期的泛大陆和整个地球的行为来说，现在还无法从板块构造角度给出令人满意的解释。在三叠纪，这些很深的裂缝切穿了陆壳，发育成大陆裂谷。这将对全球的地貌产生深远影响。这些地方堆积了厚厚的沉积物，最后形成了红砂岩和蒸发岩，而当特提斯洋海水袭来时，海洋沉积物又会堆积在这里。很长时间以后，这些沉积盆地会变成油藏，北海和尼日尔三角洲就都位于三叠纪的裂缝上。实际上，在超级大陆分裂的过程中，在特提斯洋扩张的过程中，在以后北大西洋和南大西洋开放的过程中，裂谷系都扮演了重要角色。

我考察过世界上许多古老的裂谷，无论是红色岩层，还是火山口，或是油藏，每次我都在想，为什么会出现裂谷？为什么裂谷会出现在这些地方？现在，不忙着回答这些问题，先看看这些裂谷有些什么性质吧。

在美国，哈得孙河畔的帕利塞德公园中（译者注：该公园为纽约州和新泽西州共管，是为了保护当地山崖免遭采石破坏而建立的），近乎垂直的山崖是由深灰色的玄武岩构成的，表面风化后变成棕色。这里其实是三叠纪形成的裂谷。岩浆侵入围岩后，形成了板状的岩床。这里的岩石非常美丽，就像秋天的树皮一样。当我意识到，我面对的是超级大陆最早的裂谷之一，对大自然的敬畏之情油然而生。

帕利塞德裂谷是纽瓦克裂谷系的一部分，这个裂谷系从美国的南、北卡罗来纳州延伸到加拿大的新斯科舍省，长达1000千米。和同时期的许多裂谷类似，它没有进一步发育，否则，现在的曼哈顿岛和纽约就要和摩洛哥的卡萨布兰卡连在一起了！有趣的是，在大西洋彼岸，也有一个夭折裂谷——摩洛哥的兹谷。由于阿特拉斯山脉的升高，兹谷随之抬升，谷底的沉积物都出露了。这些沉积物包括沉积下来的盐类和被日光晒干的底泥，这表明此处曾经处于强烈的蒸发环境，之后形成大量海相石灰岩和数量众多的羊膜动物化石、海绵丘和海藻礁。很显然，海水曾经淹没这里，并且有大量浊积物沉积在这里，浊积物是深水沉积环境的标志。兹谷和纽瓦克裂谷系一样，也没有发展成海洋。

裂谷最终变得很大，使海底开始扩张，并且贯穿了直布罗陀海峡，还切过了西南方向的海域（中大西洋的前身）。特提斯洋的海水从东部流过来，淹没了摩洛哥和新斯科舍省，最南到达佛罗里达州和巴哈马群岛。而北方的劳亚古陆极其缓慢地与南方的冈瓦纳大陆分离了。

与此同时，在相当于今天的北美洲和南美洲之间的地方也出现了复杂的裂谷，泛大洋的海水从西边流过来，淹没了相当于今天的从尤卡坦到巴拿马地峡一带。裂谷一直扩张，形成了原始的墨西哥湾，之后便停止了运动。海水退却后，留下了盐层，这是同时期许多裂谷的标志。墨西哥湾肯定发生过多次海侵和海水蒸发，因为这里的盐层特别厚。有趣的是，很久以后，这些盐层被深埋在数百米甚至数千米厚的沉积岩下面（这些沉积岩是邻近的大陆被剥蚀的产物），在巨大的压力之下发生变形，甚至可以流动。由于密度较小，它们向上漂浮，进入上覆岩层，形成一个个食指大小的侵入体，称为盐丘。有时，盐丘在上覆岩层中会上升数千米，最终进入海洋。实际上，现在墨西哥湾北部海底的许多盐丘和孔洞就是这种奇特的地质运动的结果。在世界范围内，只要是海底有蒸发盐层，这种现象都是很常见的，地震资料也能说明这一点。后面还会讲到这个问题。

原始墨西哥湾的扩张停止后，尤卡坦半岛的南部就开始了扩张，原始的加勒比海也随之形成。最终，裂谷在佛罗里达和古巴的南边撕开了一条通道。阻挡两个大洋相通的屏障不复存在，地球上也不再仅有一个超级大陆。出现了这么多裂谷之后，泛大陆的解体已经不可避免。特提斯洋向西扩展的结果是出现了特提斯洋海道，最开始它很窄，慢慢地才变宽。

行文至此，我想暂停一下，让读者好好想想到底发生了什么大事。既然几块原本分离的大陆形成泛大陆造成了地球上最大的物种灭绝（第 3 章），那么，我认为，泛大陆最后的分裂也应该对生命的再度大爆发起到重要作用。在侏罗纪和白垩纪的海域中，生物的多样性达到了空前的丰富，仅稍稍逊于最近 3000 万年（新近纪晚期至今）。由于化石能够保存的生物残骸是非常零星的，信息也常常是很不完整的，所以很显然，我们从中得到的关于古生物的信息也是很零散的。知道这一点，我们就会相信，中生代特提斯洋中的生物比现在最富饶的海洋中的生物都要多。而如今以物种丰富而出名的热带雨林同侏罗纪的森林相比，也只能瞠乎其后。

无论地球上的生物总共出现过多少种（我们也许永远只能猜测），根据我们目前掌握的资料，中生代新物种出现的速率相当于寒武纪（古生代初期）和恐龙灭绝之后的古近纪新物种出现的速率之和。

但是，为什么裂谷和大陆的分裂在物种爆发的过程中能起到这么大的作用呢？陆地实际上一直在地球表面上运动，这一事件又有什么不同呢？这些问题都很有意义，但要详细回答它们，会让我离题太远。在此，可以简单地谈谈特提斯洋的新形状会产生什么影响。

首先（也可能是违反直觉的），泛大陆的分裂加上海底的扩张，在全球范围内引起海平面上升，以前一部分高于海平面的大陆架被淹没了。这是因为，当新的洋中脊从洋底上升时，引起水体位移，因此海平面上升，并淹没曾经高于海平面的陆地。

其次，海洋深入内陆之后（即使是只有一条很狭窄的水域深入内陆），大陆原本干热的气候立刻发生改变，空气变得湿润多了。这一变化是全球性的。

第三，也非常显著的是，由于上述很狭窄的水域的存在，大洋环流的途径发生了改变。在1亿5千万年的时间里，第一次在赤道附近，没有什么能够阻挡海水从东边流向西边，并且随着海洋越来越深，海底的洋流和海面的洋流都可以利用这个海道。特提斯洋之前的结构使洋流变成两个大的环流，从而使较暖的海水被从赤道抽离，而较冷的海水则从高纬度地区流向赤道。通过这种方式,纬度导致的极端气候得以缓解。但是随着超级大陆的分裂，温暖的海水可以绕着赤道不断流动。纬度较高的地方相对变得封闭，并且气候比较凉爽。

第四，两个大陆的形成（很快还会继续分裂），与一个大陆相比，海岸线大大变长了，同时，由于降水量增多，使大陆遭受剥蚀的程度增大，运往海洋中的沉积物和矿物也增加了。海岸线增长以后，和海水接触的大陆架面积随之增大了，气候和生态环境也变得复杂了。生物可以栖息的环境也变得多样化。这些因素又共同促使有涌升洋流的区域增多，富有营养的海水也增多了。由于海岸剥蚀变快，有更多矿物质（特别是铁）进入海洋。而铁是提高海洋初级生产力的基本要素。

第五，大陆的分裂迅速导致物种在地理上的孤立，物种分别在不同的大陆开始了各自的进化。这减弱了物种之间的竞争，物种多样化变得可能。在海洋中有类似的情况：海洋的深度和广度都限制了生物自由迁移，正是从这个时候开始，特提斯洋的南北缘呈现出明显不同的动物群组合。

以上因素共同作用，为陆地和海洋中的生命提供了足够的生存空间，以及种类繁多的生境，使物种的适应辐射（见书末词汇表）成为可能，同时，也提高了食物链底端的生产力。侏罗纪的生物多样性无疑是最丰富的。在本章的余下部分中，请读者把注意力从恐龙统治的陆地转向海洋，看看海洋生物有多么丰富。这可以算是广为人知的恐龙故事的一个补充吧。

侏罗纪的海洋世界

在地层学出现之前，人们其实就已经对地层进行划分了。第一个划分地层单元的是侏罗系地层，第一张地层图也是侏罗系地层图。这足以证明侏罗纪的生物是多么繁盛，留下的化石有多么丰富。18 世纪晚期，英格兰工程师威廉·史密斯受命开凿连接英格兰中部和南部的运河。在开挖河道的过程中，他有两个非常重要的发现：不同的沉积层中包含不同的化石组合，而如果同一种沉积层再度出现，则同一个化石组合也随着出现。他称这种现象为“化石层序律”。达尔文在提出进化论后，曾利用这个概念证明自己的观点。史密斯的这个发现也成为地层学的重要基础。之后，史密斯绘制了世界上第一张地质图，用不同的颜色标志了不同年龄的露头（根据化石组合）。图上的地层其实都是侏罗纪的。

与此同时，著名的科学家亚历山大·冯·洪堡也在瑞士北部的汝拉山研究同一地质时期的岩石。1795 年，他出版了专著，称这些岩石为“汝拉山石灰岩”。这正是“侏罗纪”名字的由来（译者注：“汝拉”和“侏罗”是同一个英文词的两种译法）。其他科学家在法国、西班牙、意大利、德国、奥地利和波兰等许多欧洲国家发现了非常相似的岩石，含有同样的化石组合。很显然，在侏罗纪，特提斯洋的势力范围曾达到上述地区，这些含有丰富化石的岩石为我们重建当时的海洋世界提供了重要的线索。

我们从食物链的底端讲起。就像现在一样，进行光合作用的浮游植物无疑是全部海洋生物的基础。这个巨大的微生物世界由无数肉眼看不见的单细胞生物组成，漂浮在水面上，沐浴在充满能量的阳光下，周围的海水中充满了大量无机盐。它们都学会了一种简单的化学反应——光合作用，即把二氧化碳和水变成葡萄糖。葡萄糖本身是一种有用的食物和能量的来源，同时也是许多更复杂的糖类的组成部分。氧气是光合作用的副产品，被排到水圈和大气圈中，能够为其他生物呼吸所用。叶绿素是光合作用中必不可少的，这种绿色的物质可以从阳光中吸收能量，推动着化学反应的进行。

这些生物统称自养生物，因为它们能够制造生长所需的营养。它们是海洋中的初级生产者，位于食物链的底端，是几乎所有生物赖以生存的基础，因此数量也是以它们为食的生物（异养生物）的好几倍。初级生产者很快就被数量不断增长的食草动物吃掉了，而食草动物又很快被食肉动物吃掉了。在海洋生态系统中，食草动物和食肉动物分别称为初级消费者和次级消费者。

在侏罗纪早期的海洋中，出现了许多新的微生物，它们统治了浮游生物世界。球石和稍晚出现的硅藻是数量最丰富的两种浮游生物。它们主要生活在表层海水中，骨架分别是由钙和硅组成的，形态各异，非常美丽（在显微镜下）。如今在温暖海域中生活的腰鞭毛虫在那一时期已经很常见了。当然了，这一时期，浮游动物也大量爆发，先是分泌碳酸钙的有孔虫，接着是含有硅质的放射虫，它们为其他海洋动物提供了丰富的食物。读者在第6章还会见到它们，那时，它们将达到自己的鼎盛时期。但是居于食物链顶端的是哪些动物呢？

许多业余化石爱好者都知道，侏罗纪海底沉积物中通常含有大量的生物化石（图4-1）。这一时期，随着海洋生物的兴盛，软体动物数量激增，它们形态不同，行为各异。例如，牡蛎和蛤蜊，它们用各种方法（吸附或掘穴）使自己附着在海底；厚壳蛤，大量聚集在一起，天长日久，它们的钙质外壳竟然形成了礁石；还有贝类（头足类动物），能够自由游动。在温暖的浅海中出现了新的珊瑚和苔藓虫。海底到处都是可怕的猎手——食肉的虾、蟹和蜗牛能够咬碎或夹碎最坚硬的外壳。因此，打洞成了常用的逃生术。

这一时期，最令人惊叹也最丰富的化石是各种螺旋菊石［图4-2（a）］，有些直径可达1米。以及子弹形的箭石（现代乌贼的近亲）。菊石（ammonite）得名是由于它和埃及神话中的阿蒙神（Ammon）的角很像。阿蒙神能够预言，他的神殿位于利比亚沙漠锡瓦绿洲（译者注：利比亚沙漠位于利比亚东北部和埃及西北部，锡瓦绿洲在埃及境内）的腹地。沙漠中的原住民最早崇拜阿门神（Amum）——一位长得像羊的神。

图4-1　根据特提斯洋化石建立的侏罗纪海洋景观图：
①始祖鸟，第一种已知的鸟；②水母和海面的浮游生物；③海百合；④和⑤早期的硬骨鱼；⑥菊石；⑦箭石；⑧鲎；⑨苔藓虫；⑩和⑪石珊瑚，在长满了海藻的海绵礁基底上建造的⑫“现代”珊瑚礁

图4-2　侏罗纪特提斯洋中的典型海洋生物化石照片

（a）菊石。取景宽度15厘米；（b）海胆、珊瑚与双壳类动物。取景宽度25厘米；（c）鱼龙的上下颌及牙齿。取景宽度20厘米。以上照片均由克莱尔·阿什福德拍摄

但是经过数种古文明的碰撞与传承后，阿门神的名字变成了Ammos，希腊语的意思是“砂子”。

抛开神话不谈，菊石属于头足纲，是一种进化得相当成功的软体动物。这个纲的动物，除了乌贼、章鱼和鹦鹉螺，都灭绝了。这几种动物都能把水从身体中急速喷出，借助水的反作用力使自己前进。它们的眼睛、大脑和神经系统都很发达。鹦鹉螺长着坚硬的外壳，以此抵御天敌，身体内还有许多充满不同比例的水和空气的腔，使自己能浮起来。我们推测菊石有类似的身体特征，擅长游泳（至少对于身体呈流线型的菊石来说），具有和今天鱼类相似的生存环境。已经分类的菊石有上千种，这说明这个物种的演化非常迅速，其生存环境非常多变（和今天的鱼类相似）。最小的菊石和一个欧元硬币（或 25 美分的硬币）差不多大，最大的则和 40 吨载重卡车的轮胎不相上下！在生机勃勃的海底世界中，菊石和箭石是两个重要成员，它们组成了规模庞大的食肉动物和食腐动物大军。

侏罗纪海滨，世界遗产

虽然无法身临其境，但我们也可以感受到侏罗纪海洋世界的神奇。汝拉山非常壮阔，它曾经是特提斯洋底的一部分。造山运动给地球带来一个如此惊人的奇观。对登山和远足爱好者来说，要征服汝拉山并不轻松。相比之下，访问亚平宁山脉中部迷人的翁布里亚大区和马尔凯大区要更容易。意大利古生物学家和沉积学家，包括我以前的博士生马诺拉·马可尼，在努力重建这个地区的古地质。他们已经做了一些出色的工作。在对这里沉积物的研究过程中，马诺拉发现了许多海岸和盆地的证据。这种海底地形非常容易使深海较冷的、富营养的水体上升,从而促进浅海和海面生物的繁殖。但现在，在这一地区，多数岩石露头都被大片向日葵和葡萄园掩盖了。

非洲北部和中东也有许多非常典型的侏罗系岩石露头，它们都分布在曾经的特提斯洋南缘。在摩洛哥挖掘出来的大量菊石化石，都被卖到了许多大学的地质系供教学之用。还有一些卖给了商店和博物馆。我每次在阿特拉斯山脉考察时，总会向贩售菊石化石的柏柏尔人打听化石的发现地点，可是他们坚决不向我吐露一个字!

但是说到最完美的侏罗纪岩石，又有哪个地方能和世界遗产——英格兰南部多塞特和东德文海滨媲美呢?这里是世界上第一处地质景观方面的世界遗产，这一殊荣是 2001 年 12 月获得的。威廉·爱凯尔于 1956 年首次向全世界介绍了这里的侏罗系岩层。他曾经这样描述多塞特海滨:“世界上没有几个地方能像这里一样，同时孕育了科学、美学和文学……” 19 世纪和 20 世纪初，许多杰出的地质学家都造访过这里。这里也因此成了知识的大熔炉。如今，这里是一个地质实习基地，已经有数万名学生来过。同时，有上百万游客来这里游玩。我第一次来这里是因为两位同行的介绍，他们原来都在南安普敦大学工作。米切尔·豪斯教授曾对莱姆·里杰斯的石灰岩韵律层与全球气候变化的关系进行了深入研究。伊恩·韦斯特博士对多塞特和东德文海滨有深入了解，无论是科学还是历史。他的个人网站对这里有非常优美的描述。我向他学到了很多东西。

后来我带队来这里进行过多次地质考察，学生或同行来自世界各地，如日本、韩国、巴西、尼日利亚和北美。每次到来，这里的静谧、这里的滨海小路都使人陶醉。每次我们都有新发现，而每次发现带给我的喜悦都和我第一次来这里时的感受一样。这里的侏罗纪生物化石数不胜数，足以编一本书了（前辈们曾经绘制了许多图片）。在写作本书时，我简直不知道该挑选哪些。

在莱姆·里杰斯和查茅斯附近发现过一些非常著名的早侏罗纪化石。这些化石的发现过程很有意思，它们是多塞特的一位业余化石收藏者玛丽·安宁在19世纪上半叶发现的。玛丽·安宁的化石收集工作是前无古人的，她发现了许多非常完整的化石。有雄居食物链顶端的咸水鳄，头大颈短的上龙，还有长着桨形鳍和长脖子的蛇颈龙。它们的共同点是颌部强壮，牙齿锋利。其中一些体长12米。而进化最先进的可能要数体型酷似海豚的鱼龙了。这是三叠纪第一种从陆地返回海洋的爬行动物。从化石来看，为了在水中顺利生育，鱼龙甚至抛弃了羊膜动物的卵生方式。玛丽·安宁在浅海和潟湖成因的石灰岩中发现了许多羊膜动物和其他海洋动物的化石（图4–2），甚至包括会飞的爬行动物、昆虫和恐龙骨头化石。含化石的岩石全部属于下侏罗统，这个地层在英国称为莱尔斯阶。之所以这么叫，是因为多塞特的采石工把岩层称为莱尔斯（lias）。

玛丽·安宁出生在多塞特郡的一个穷人家庭，没有受过正规教育，却在古生物学方面做出了开创性的贡献。她经常担任同时期著名地质学家的向导。她只离开过家乡一次，那是1829年，她在当时的地质与皇家地理学会主席罗德里克·默奇森爵士的劝说下去伦敦介绍她的化石挖掘工作。她和英国地质调查局的创始人亨利·德·拉·贝克爵士成了好朋友。1830年，拉·贝克根据玛丽发现的化石，绘制了一幅著名的景观图，其拉丁文名称是 *Duria Antiquior*，意思是“更古老的多塞特”，这是人类第一次对古老的过去进行科学的重建（图4-3）。这幅画对侏罗纪的海洋世界进行了生动的描绘，为人们展现了一个弱肉强食的危险环境，就像恐龙统治的陆地一样。

多塞特和东德文海滨的海岸线很不稳定，不断有岩石剥蚀，因此，也就不断有过去的信息暴露出来。在将近200年后的今天，业余化石收藏者，凯文·席罕，根据捡到的化石，拼出了一副迄今最大、最完整的上龙头骨。虽然这只恐龙身体的其余部分还没有找到（肯定埋在海滨的某处悬崖下面），但可以估计，身体长度超过17米，也就是说，有两辆双层轿车那么长。它的颌骨强壮，牙齿巨大，一口下去，就可以把一辆小轿车咬成两段。如果霸王龙胆敢在附近的浅海里游荡，肯定会变成它的美餐。毫无疑问，这种生活在特提斯洋中的爬行动物才是侏罗纪真正的霸王。

图4-3 人类第一次对古老的过去进行科学的重建。这幅画的名字是Duria Antiquior，意思是“更古老的多塞特”。亨利·德·拉·贝克爵士根据玛丽·安宁挖掘的特提斯洋动物化石绘制（牛津大学自然历史博物馆收藏）

沿着奥斯明顿米尔斯（译者注：英国南部多塞特郡的一个小镇）的海岸，可以考察中侏罗纪地层。一天的考察工作结束后，顺着山路走到悬崖上，可以看到这里有一个名为“走私者客栈”的酒馆。酒馆建于17世纪，在这里不仅能品尝美味的馅饼和啤酒，还可以听到许多沉船和走私的故事。这里的地层剖面清晰地反映了古地质环境的变化：从河水携带的沙滩沉积物，到风暴冲击的海岸沉积物，逐渐过渡到一种圆球状的碳酸钙颗粒。这种独特的碳酸钙沉积物称为鲕粒灰岩，形成于温暖的潟湖中，是侏罗系石灰岩的一个特征，在欧洲和其他许多地方都有这样的鲕粒灰岩。

除了大量海洋无脊椎动物化石，在这一地区的岩石中还发现了许多在海底生活的动物的巢穴、打的洞以及爬过的径迹，它们统称足迹化石，而专门研究足迹化石的古生物专家称为足迹化石学家。动物本身的化石通常比它们留下的足迹要少，不过我很幸运，在奥斯明顿米尔斯发现了几块很小的海胆化石：这些海胆被困在自己打的洞里面了。通过仔细比较古代与现代类似的海底动物留下的足迹，也可以推断古代海底动物的生活习性。

一些地区具有典型的上侏罗统地层，因此被指定为国际标准地层。其中最重要的是基默里奇湾（Kimmeridge Bay）的深灰色层状页岩，其中含有许多双壳类动物和菊石化石，该地层被命名为基默里奇阶。此处页岩（非常致密的泥岩）因为有机质含量高，所以在深埋的时候，会形成油气。北海底部也有这种基默里奇阶页岩，因此产出大量石油。值得注意的是，在侏罗纪晚期，环境变化导致海底大面积的海水停止流动，并且浮游生物在海面大量繁殖，这为有机质在沉积物中的保存创造了条件。这种特殊情形没有持续太久，大约产生了价值一万亿美元的石油之后，环境又恢复到从前的状态。在基默里奇阶之上，是富含碳酸钙和动物外壳的沉积物形成的灰白色的石灰岩，称作波特兰石。这种石头既坚固又美观，是世界上著名的建筑石材，在古罗马时期就有人开采。在很多建筑物上都能见到这种石头。1666年，伦敦大火之后，著名建筑师克里斯托弗·雷恩爵士就用波特兰石重建了许多地标建筑，包括圣保罗大教堂。波特兰岛位于多塞特郡威茅斯港的南面，在这里发现了古罗马时期第一处采石场，也是质量最好的一处采石场。这里不知已开采了多少石头。在波特兰石中，还发现过最大的菊石之一——泰坦菊石，其外壳直径达60厘米。触须从体内伸出，和乌贼很像。这样巨大的菊石常常安在石墙上，作装饰之用。

如果要研究侏罗纪地质，多塞特海滨的拉尔沃斯湾不可不去。在特提斯洋快消失的时候，地质运动把侏罗纪时期形成的岩石推到高出海平面很高的地方，这种岩石就是主要分布在多塞特海滨的坚硬的波特兰石。波特兰石后面是普贝克角砾灰岩，这种石头也很坚硬。海浪无休止的冲刷，侵蚀了波特兰石条带和普贝克角砾灰岩条带，造成了一个狭窄的缺口，一旦有了这个缺口，海水就可以直接接触这两个条带后面的黏土岩。黏土岩比波特兰石和普贝克角砾灰岩的硬度小，易受侵蚀，因此，海水就在这里切割出一个近乎圆形的小海湾，拉尔沃斯湾就是这样形成的。

在普贝克阶地层形成的时期，虽然总的来讲，全球海平面是升高的，但有些地区发生了海平面下降，因此，在多塞特地区出现了一些岛屿，周围环绕着盐度较高的潟湖。这个时期的岩石中保留了大量植物化石，如盛极一时的巨柏、智利南洋杉、苏铁和蕨类。从拉尔沃斯湾附近的姆皮湾到波特兰和威茅斯是世界上保留侏罗纪化石记录最完整的区域。在拉尔沃斯湾的外缘，可以看到海退以及巨大的树干被浅盐潟湖淹没的痕迹。能够分泌钙质的水藻附着在树干上，经过漫长的地质时期，形成了巨大的像甜甜圈一样的叠层石构造。

侏罗纪礁石

凡是在太平洋或印度洋玩过浮潜的朋友，无不对礁石附近的生物多样性感到惊讶。这些动物，或者体色单一，或者色彩斑斓，或者无害，或者凶猛，共同组成了海洋中最耀眼的奇观。最早的类似于礁石的构造出现在5亿年以前。那是在寒武纪的大陆架和海山上，能够分泌钙质的藻类和细菌造出了它们。此后，礁石生境越来越成熟，生物种类越来越多。这里能找到足够的食物，而且礁石上面有大量孔洞和通道可供藏身或躲避攻击，甚至交配，是名副其实的迷宫。志留纪、泥盆纪和石炭纪都出现了大量礁石，构造各有特点。这些礁石保留到现在的部分成为世界上著名的石灰岩风景区，还有大量嵌满了化石的石灰岩被抛光，用于建筑。从得克萨斯州埃尔卡皮坦峰（形成于二叠纪，第3章提过）上的礁石可以看出，这里的生命曾经是非常繁盛的。

随着时间的推移，礁石环境发生了变化，这促成了大量新物种的产生。我们无法确定某个突变发生的确切地点，但基本上可以肯定的是，第一种真正的鱼出现在4.25亿年前（志留纪中期）的海中。它们可以藏在海百合、珊瑚礁和叠层石当中，以便躲避天敌。鱼类一旦学会游泳，就开始征服整个海洋，迅速取代了它们的前辈——无颌鱼类，并统治了海洋的每一个角落。在中生代，鱼类在特提斯洋中持续进化，其繁盛程度，甚至可以和今天媲美。

在侏罗纪，特提斯洋沿岸的第一批“居民”应该是一些贝类和能够分泌钙质的海藻。这些造礁生物把由于前一次生物大灭绝而变得一片肃杀的海岸变成了一个美丽的新世界。也正是因为有了礁石的保护，温暖的潟湖才得以形成。陆地上靠近潟湖的沼泽地也变得生机勃勃。之后，森林覆盖了陆地。对于所有生物来说，安全是第一位的。因此，为了和鱼类抗衡，菊石变得很大；同时，一些爬行动物悄无声息地回到海中，最后竟演化成食物链顶端令人生畏的冷血杀手。在玛丽·安宁的化石藏品中，可以见到这些动物的身影，德·拉·贝克爵士的画作对它们也有所反映。

这时，特提斯洋中的物种已经非常丰富。而在特提斯洋北部的大陆架下面，一种由海绵形成的礁石正在蔓延。如今，从西班牙到法国、瑞士、德国、波兰，直到黑海之滨的罗马尼亚，还可以看到这种礁石的遗迹。它们延伸了足有 3000 千米，是澳大利亚北部的大堡礁长度的 1.5 倍。怪异的厚壳蛤和巨大的蚌紧紧附着在礁石上。菊石、箭石和不计其数的鱼生活在礁石附近。巨大的海龟（中生代海洋中的“新人”）也加入进来。凶狠的蟹、虾和食肉的蜗牛则在海底逡巡。实际上，海里根本没有真正安全的地方，因为速度很快的鱼龙和强大的上龙不会放过任何进食的机会。同时，威胁不仅来自海中，因为一种会飞的“爬行动物”——翼龙，正在天空盘旋。

如此壮观的海绵礁，完全隐藏在海面以下150米，坐落在平缓的大陆架上。最近在爱尔兰和苏格兰西部的海域中发现了一处海绵礁，二者结构类似，不过新发现的这处海绵礁地势比较陡。特提斯洋北缘的地壳运动使海水逐渐变浅，巨大的海绵礁也离海面越来越近。随着大量海绵死亡，它们的遗骸被新的物种——六射珊瑚——占据，这种珊瑚很像现代常见的石珊瑚。

六射珊瑚是新的建筑工，也许是它们的效率非常高，也许是条件非常适合，它们很快就“造出”一片巨大的潟湖，面积超过2000平方千米。每次风暴过后，都会有很细的石灰颗粒被冲走，但湖水并没有受到影响。极高的蒸发率导致湖水盐度增高，而含氧量下降，在这种情况下，任何进入潟湖的动物都无法活着离开。而在此后50万年中，细粒沉积物一层一层地落在动物尸体上，使它们非常完好地保存下来。石灰岩把这一切都记录下来。如今，在德国南部巴伐利亚的索恩霍芬小镇，有许多岩石露头反映了当年的信息。像索恩霍芬这样的情形，在地质史上是很罕见的，但毕竟发生了。它为我们打开了一扇通往过去的窗口。可以说，地质学家是非常幸运的——1861年，人们在索恩霍芬开采岩石，准备用作建材，结果，在岩石中发现了始祖鸟的化石，这为人们研究爬行类动物向鸟的进化提供了重要线索。

龙出生天

如果想飞，动物必须长得像一个小型飞行器。它的身体必须足够轻，必须有强壮的、覆盖着羽毛的翅膀，体型必须符合空气动力学要求，并且始终能够获得足够的能量。鸟类恰恰具备以上所有特征。它们的骨骼是中空的，翅膀上长着羽毛，身体呈流线型，肌肉和心脏都非常强壮，身体代谢很快，完全可以提供飞翔时所需的能量。鸟类都是温血动物，也就是说，它们的血液能够自己产生热量。昆虫也能飞，它们不是温血动物，但由于它们特别轻，特别小，因此它们不需要这个特征。但是，这一切在化石中有所反映吗？在生命进化过程中，动物到底是怎样飞向天空的？

就我们目前掌握的知识，第一种能飞的动物是昆虫，那是在3.5亿年前的石炭纪。这项技能可能与植物的进化密切相关。飞行给昆虫带来许多好处：更容易逃生，更容易获得食物，更容易找到安全的地方交配和产卵……在古生代末期形成的高大的森林成为昆虫演练飞行技能的极佳场所。昆虫进化出翅膀后，能够更安全地随风飘荡，更容易在水面上移动，逃生时，跳跃的距离更远了，从一株植物上运动到另一株植物上更快速了。以上这些好处，也许都是昆虫进化出飞行技能的动力。

在昆虫之后，爬行动物也会飞了。能飞的爬行动物可以分成两支：一支以飞龙为代表，另一支以兽脚亚目为代表。它们都是三叠纪时祖龙的后代。驱使脊椎动物飞行的动力可能和昆虫差不多：它们可以从树上、岩石上或峭壁上滑翔而下，突然从上面抓住毫无防备的猎物，可以在树枝间更轻松地跳跃，可以在一阵疾跑之后猛地冲向天空，这对逃生或捕猎而言都非常实用。一开始，飞龙一支和兽脚亚目一支的进化可能是同步的，可最后还是分出了胜负。

飞龙逐渐开始分化，差异变得很大，并且大量繁衍。有些小如麻雀，有些和人力滑翔机一样大，翼展达到 15 米，能在热空气上方盘旋，就和今天的秃鹫一样。不过更多的是体型介于二者之间的，大小和今天的水鸟差不多。它们能够一个猛子扎到浅海中，捕捉鱼类或其他动物。还有一些生活在内陆，以昆虫为食。它们的共同点是：骨头中空，非常轻，也非常脆弱，就像鸟类一样，但它们的翅膀上没有羽毛，而是覆盖着一层薄薄的、坚韧的膜，这层膜把前后腿连接在一起。这个特征表明，它们和鸟类的进化途径可能并不一样，但殊途同归。

第一种真正的鸟应该是前文提到的在索恩霍芬的潟湖遗迹中发现的始祖鸟（Archaeopteryx，原意是“古老的翅膀”）。化石保存得相当完好，我们可以看到，它的翅膀覆盖着羽毛，还有一根尾羽。始祖鸟生活在 1.5 亿年前的晚侏罗纪。有趣的是，证据表明，它的祖先是一种体型小巧、跑得飞快、双足的兽脚亚目恐龙，而不是飞龙。它的近亲之一是迅猛龙——电影《侏罗纪公园》中的一种恐龙。迄今为止，除了发现了 6 具始祖鸟化石，人们还发现了有羽毛的恐龙和其他鸟类化石，这些化石分布在特提斯洋周围，处于侏罗纪和白垩纪晚期，其中，最有名的是中国东北的孔子鸟。

在生命进化过程中，鸟类的优势到底在哪里？人们对这个问题给出了许多答案。不过，我认为，无论如何，都有很多理由说明当时的特提斯洋在鸟类进化这一重大进展中发挥了巨大的作用。当然，到目前为止，这些化石都是在特提斯洋附近的潟湖沉积物中发现的。这可能与食物来源有关：在海中有充足的鱼类，海边有大量贝壳，而在潮间带有许多掘穴动物和环节动物可供食用。由于海岸线变长，海平面上升，出现了许多新的河口、水湾、海湾和潟湖。这些地方都适合海洋生物栖息。各种爬行动物也喜欢光顾这些地方。这些爬行动物有的进化成涉禽，有的进化成水生动物，有的学会了飞行，例如，飞龙。这些地方确实为爬行动物进化成鸟类提供了动力。

第 5 章

化腐朽为神奇

慵懒的一天，
看着水，看着火，看着烟。
静静的一天，
看着金子，看着银子，看着灰烬。
在那漫长的日子里，到处都是这些景象。
时光用一个世纪把倾倒的树变成石头，
不漏过每片树叶，
再用一个世纪把它藏起。

——巴勃罗·聂鲁达《天石集》
（詹姆斯·诺兰 英译）

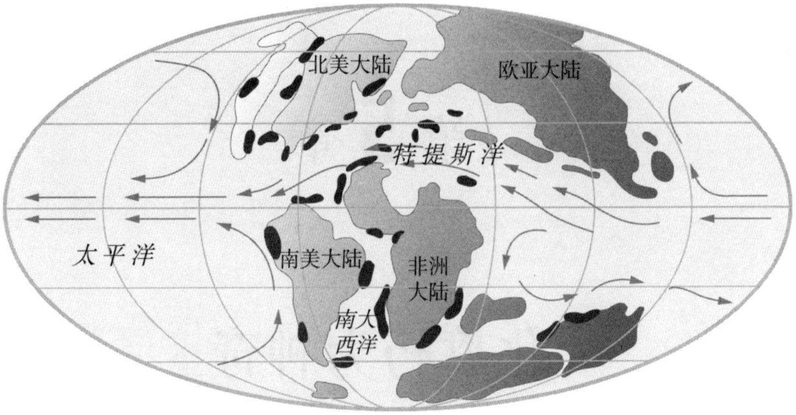

白垩纪中期特提斯洋海图（9500万年前）。图中标出了洋流，宽广的特提斯洋分隔了劳亚古陆和冈瓦纳古陆。纯黑色区域表示页岩（形成于1.2亿年至9000万年前）

特提斯洋中的生活，并不是时时顺心、处处惬意的。美丽而平静的大海随时可能变得无比狂暴，连海底的死水都可能翻腾起来。有时，生活在温暖海面上的浮游生物会过度繁殖，造成水体严重缺氧。在这种情况下，数以亿计的微生物死亡后，尸体会沉降到海底，在无氧环境中，哪怕是尸体最柔软的部分也能保留下来。最终，它们变成了黑色的沉积物。

这些中生代沉积物叫作页岩，它们储藏了地球上60% ~ 70%的石油。1亿年前，现在的中东地区位于特提斯洋南缘，它现在的石油全都是从那时开始形成的。在特提斯洋沿岸，全都是黑色的富含有机质的页岩，它们都是那时形成的。这表明当时的成岩环境极度缺氧，地质学家称之为缺氧事件。当时可能全球的海洋都处于缺氧环境。在其他地质时代，在特提斯洋和其他海域也形成过页岩，同样也形成了油藏。

钻探黑色遗骸

我在布里特石油公司工作的时候，就开始关注黑色遗骸（Black Death）。一半是出于偶然，一半是因为我的工作论文与深海沉积物有关。1980 年，深海钻探计划（Deep Sea Drilling Program，DSDP）邀请我参加南大西洋的科学考察。我毫不犹豫地接受了邀请。说实话，除了预先计划的深海沉积物采样工作，我并没有考虑太多。科研人员在纽约会合。这是一支国际联队，成员来自英国、法国、德国、奥地利、日本和美国。大家的专业也不相同。我们坐上包机，途经里约热内卢和温得和克，飞向目的地——纳米比亚的鲸湾港。在漫长的旅途中，大家都深入评估了自己的研究计划。我很快了解到，有几位有机地球化学家希望能在钻探的白垩纪中期沉积物中发现页岩。这引起了我的好奇心：这些沉积物是什么？它们有什么重要意义？

我们的考察船名为“格罗玛·挑战者”号。和我以前出海（如在北海油田工作时）乘坐的船比起来，她可算是巨无霸了。钻塔横跨船井（钻探船中部的一个矩形的洞，钻头从此进入水下），高出钻台 50 米。科学实验室分为 6 层，还有图书馆和会议室。甚至还有计算机房！那时，信息技术革命刚刚开始，这可算是相当先进了。我们航行了 5 天，行至南大西洋的安哥拉海盆（南回归线稍北），在这里，望着蓝灰色的海水，我感到既神秘，又孤独，这是一种面对苍茫大海才有的感觉。我们的钻探工作就要在这里进行。钻探工作是一种蛮力与科技的结合，对精度要求很高。钻杆是钢制的，非常沉重，每根长约 10 米。一节节的钻杆连接在一起，挂在井架上，向海底的沉积物垂直钻下去。钻杆全部钻入沉积物之后，垂直升起，再接上一节钻杆，继续往下钻。这样，下一次钻探深度就会比上一次深 10 米……如此往复。一天 24 小时，每周 7 天，钻井工人的劳动号子和钻井的轰鸣声始终响彻云霄。热带的阳光非常毒辣，好在海面上不时吹来一阵阵清风。工作地点的海水深度有 5560 米，意味着我们首先要连接 556 节钻杆，才能触及海底。这样，一根巨大的钢制“通心粉”就矗立在我们面前。海浪在冲打着它，鱼儿绕着它游来游去，但它无动于衷，默默地向海底扎去，直到与我们从未见过的黑暗世界相遇。

当第一段岩芯摆在甲板上的时候，每个人都感到了科学探索的愉悦。以后每次取出新的岩芯，船上都弥漫着同样的气氛。每段岩芯长 10 米，在我们的取样点（DSDP 第 530 号取样点），每 10 米岩芯的时间跨度是一百万年。也就是说，每段岩芯都有一个一百万年的故事要讲述。从岩芯中可以看到，500 万年前本格拉寒流使海底大量营养物质上涌。非洲西南端的好望角海域如今之所以有丰富的渔业资源，就是这一寒流作用的结果。我们还发现，在1000万年前，这里发生过海底滑坡和泥石流，并且可能导致了巨大的海啸。再往下钻，我们遇到了K-Pg界线层（恐龙灭绝时期对应的地层，旧称K-T界线层），在这里，我们并没有观察到明显的物种变化。继续往下，可以看到，海底经历了一段长时间的火山爆发，在鲸湾海脊附近，有些火山不断上升，甚至高出了海平面，很快就变成了珊瑚礁。再往下……再往下就到达了黑色遗骸。

从海底向下850米，我们终于钻出了黑色的、富含有机物的沉积岩。沉积岩分成多层，每层厚度不同，浅灰色的岩层和绿色岩层交替出现。沉积岩厚度总共有200米左右。这一发现足以让地球化学家狂喜，岩石中埋藏的故事也让我们兴奋不已。古微生物学家立刻分析了从沉积岩中提取的微生物化石，很快确定沉积物的形成年代是白垩纪中期，即1亿至8500万年前。我们是一支由25名不同领域的科学家组成的科考团队，这种科考的重要价值，除了在从未涉足过的地方不断有新的科学发现，还有科学家之间的交流、相互启发和挑战。确定了这种深色沉积岩的年龄后，接下来的挑战就是揭开这种分布非常广泛的、非常有名的沉积物中隐藏的几个谜团。有一些工作可以在船上进行，因此我们都拿着珍贵的沉积物样品，进入各自的实验室开始了分析。但黑色遗骸是个全球性的科研问题，意义非常重大，更多的问题需要“格罗玛·挑战者”号靠岸以后才能解决。

扩张的特提斯洋

“格罗玛·挑战者”号这次出海完成的是 DSDP 第 75 航次的工作。深海钻探计划从 1968 年开始，目的是研究海洋的历史。这项工作受到大约一个世纪前的科学家的启发，也可以说是前人工作的延续（早在 1872—1876 年，英国的“挑战者”号军舰就载着海洋科学家进行了人类历史上第一次全球性的海洋科考，行程达 7 万海里。如今，两艘“挑战者”号都已成为历史）。我受邀参加了 DSDP 的最后一次工作。我们在墨西哥湾进行了钻探。这里曾经是特提斯洋的最西边。之后，DSDP 被深海钻探计划（Ocean Drilling Project，ODP）取代，“格罗玛·挑战者”号也被“乔迪思·决心”号接替。再后来，深海钻探计划升级为综合大洋钻探计划（Integrated Ocean Drilling Program，IODP），并且又装备了一条更大、更先进的钻探船——“地球”号。

我之所以说这么多“题外话”，有两个原因。第一，利用几百个钻孔获得的海洋地质资料，可以更精确地研究特提斯洋的历史。比白垩纪还要老的洋壳很少被钻探，最老的记录是西太平洋中的侏罗纪中期洋壳，它属于泛大洋的一部分。这是因为，随着时间推移，在聚合板块的边缘，洋壳逐渐滑入海沟，沉入地幔。当新的洋壳在洋中脊形成后，便向四周扩散，其温度越来越低，密度越来越大，因此更加容易沉降。第二，我希望在更多的地方搜集白垩纪中期有关黑页岩期的证据。

在“格罗玛·挑战者”号上，我开始了对大海的研究。或是在船上的图书馆里，埋头于卷帙浩繁的DSDP资料中，或是在沉积物实验室里分析钻取的岩芯。每天工作12个小时。工作之余，我会和同事打打乒乓球，或者绕着直升机停机坪跑圈。如果我没有记错的话，跑1千米需要33圈。钻探的地点越来越多，这样的生活也一直在持续。我很快发现一个很明显的现象：中侏罗纪地层中出现了2次黑页岩期，它们的形成时间与特提斯洋的海进吻合。在地中海、黑海、大西洋中部和加勒比海取得的岩芯中，这两次事件尤其明显，而在现在的北大西洋和南大西洋也有发现，例如，第530号钻位。这些现象说明特提斯洋正在扩张，女神用它的纤纤素手，抚摸着南北向的裂谷。这些裂谷是新生的海洋。

在这次航行中，我们比预计工作多钻取了两个地点。最后一处位于鲸湾海脊，在如今的本格拉涌升洋流的外缘。而在第530号钻位的岩芯中，也发现了涌升洋流的证据。考察船要“回家”了，途经南大西洋，终点是巴西东北部的累西腓港。途中，我一直在思考：在现代海洋沉积物中，有机质是如何沉积的？它们到底沉积在何处？

很快，我又来到了意大利中部，置身于欧洲中世纪最著名的大学城之一——乌尔比诺。乌尔比诺被联合国教科文组织列为世界遗产，位于马尔凯大区中部，建在陡峭的山崖上，四周城墙环绕。这里风光如画，生机勃勃。它的著名之处在于文艺复兴时期的精美艺术品和文化遗迹。乌尔比诺大学成立于1506年，最近由建筑师吉安卡洛·德·卡罗负责进行了深度修缮，办公室和教室内部都焕然一新，但每座建筑的外立面都保留了中世纪的风格，校园里的街道仍然曲曲折折，每个小广场还是那么杂乱。吉安卡洛·德·卡罗的初衷是创造一片学生、教职工和市民和谐相处的聚居地。我不知道他的这个宏伟目标是否实现了，但可以肯定的是，乌尔比诺是个非常适合思考科学问题的地方。一天的野外工作之后，和同事在暮色四合的广场上散步也非常惬意。

在欧洲，意大利的马尔凯大区和翁布里亚大区是研究白垩纪中期黑页岩期最好的地方之一。这里的黑页岩多出现在富含有机质的黑硅石岩层中。黑硅石非常坚硬，主要成分是石英，和燧石很相似。黑色的黑硅石与白色的石灰石可形成交错纹理，它们的形成时间与DSDP和ODP钻取的岩芯形成时间是一致的。对于岩石中的这种周期性，地质学家现在还无法给出令人满意的解释。现在我们知道，只要是特提斯洋曾经淹没过的地方，从黑海之滨的乌克兰，到意大利本土、西西里、法国、西班牙，一直到美国西南部和墨西哥，都有富含有机物的黑页岩和有机物较少的黑页岩并存的地层。沿着特提斯洋的南缘，从澳大利亚西北部，经过中东、摩洛哥、阿尔及利亚和突尼斯，直到委内瑞拉，黑页岩的分布更加广泛。

这一时期（实际上是任何时期），海洋沉积物中的有机碳是广泛分布的，为了解释这一现象，我们必须考虑控制大量有机物堆积在海底以及海底保存这些有机物的两个根本因素。

第一个因素主要是生命物质的产生和循环，第二个是海洋是如何被搅动的。我们必须理解这两个因素和它们造成的影响，因为有机物过度供应和容易保存都不是现代海洋的常态。下面我们就把注意力转向现代海洋。

营养的产生和循环

第4章说过，海洋表面就像一座大花园。这里有充足的养分，只要有阳光，各种“花草”就会争奇斗艳。每年，海洋表面会产生6万亿吨的浮游生物。它们都是单细胞原生生物，体内有大量微小的叶绿素颗粒，这些叶绿素可以吸收太阳能，把海水中富含营养的化学物质变成浮游生物的外壳。这个过程非常简单和高效，也非常古老，在特提斯洋存在的时候就有了。但是浮游生物的原始繁殖力非常不稳定，随时间和空间变化很大。如果条件适合，它们就会疯长，短时间内占据大片水面，科学家称其为“水华”。

如果我们深入这片生机勃勃的“花园”，就会发现有些“花朵”特别繁茂，例如，硅藻。这种微生物的外壳是硅质的，像玻璃一样，并且形状多样。它的繁殖速度惊人，每12 ~ 24小时即可进行一次无性繁殖，最后，细胞变得太小，再也无法分裂。此时，它不再进行无性繁殖，而是抛掉身上的玻璃外壳，开始进行有性繁殖。长到和最初一样大小后，身体会再度分泌硅质，形成新的玻璃外壳。多数硅藻的营养储备是油滴和脂肪酸，这两样物质也有助于它们漂浮在水面上，并且以合适的角度接受日光照射。

有两种浮游植物特别适应热带海洋环境，喜欢广阔的水域，它们是颗石藻和腰鞭毛虫。颗石藻的螺旋形外壳是石灰质的（主要成分是碳酸钙）。在合适的季节，它们能迅速繁殖。曾经有人造卫星拍摄到，在 25 万平方千米的海面上（相当于英国那么大），布满了蓝绿色的颗石藻，其中的个体数量，达到了惊人的 2500 亿亿！而腰鞭毛虫的特点是，在夜晚能发出一种神秘的像鬼火一样的蓝绿色荧光。它们擅长游泳，这得益于它们的两根长长的鞭毛。许多腰鞭毛虫有一层坚硬的外壳，主要成分是纤维素。另外一些腰鞭毛虫则没有这层外壳，它们选择与水母、珊瑚虫和软体动物等共生。腰鞭毛虫提供食物，而水母等宿主则提供保护和营养。在特提斯洋中，这种生存方式很常见。

在浮游植物中，蓝绿藻一直没有受到应有的重视，因为它们实在是太小太小了。50 万个蓝绿藻加起来，才有针尖那么大。但它们却为海洋表面的生境提供了 80% 的食物。在浅海，如果阳光能照到海底，那么蓝绿藻就可以在海底繁衍，它们分泌出大量碳酸钙，布满了海底，此时，海底就会呈现出一片片绿色，就像是铺满了一层甘蓝。澳大利亚西部的鲨鱼湾以前就有许多这样的蓝绿藻。蓝绿藻真的可以说是“小就是美，就是成功”的典范，35 亿年前，正是这种进行光合作用的细菌为生命的演化铺平了道路。

图 5-1 中的生物都属于浮游生物。其中的浮游植物都是

卓越的初级生产者。有大量微小的浮游动物以它们为食。这些浮游动物也是单细胞生物，并且同样具有各种外观的硬壳。别看它们体型微小，它们消耗浮游植物的速度可是很快的。

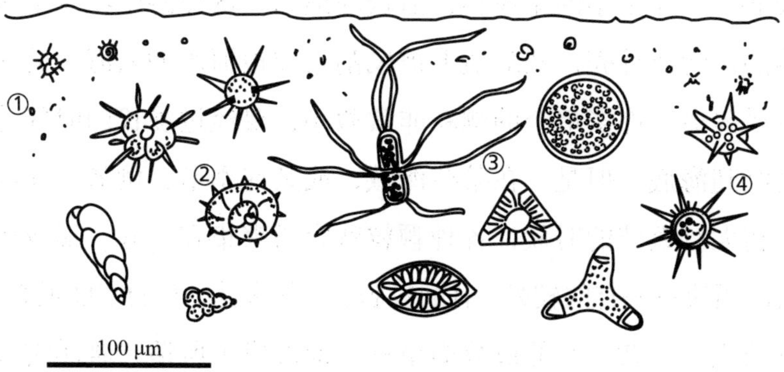

图5-1　根据特提斯洋化石绘制的白垩纪浮游生物复原图
①颗石藻及幼年有孔虫；②有孔虫（五大两小，都有钙质外壳）；③硅藻（五个大的，它们都有硅质外壳，其中一个有突出的长丝）；④放射虫（两个大的长着刺，都有硅质外壳）。图上比例尺为100微米（0.1毫米）

例如，有孔虫，它的钙质外壳分成了许多精巧的小室；还有放射虫，全身长满了硅质的刺。它们都可以用身上的刺（线状足），把其他微小的生物吸引到自己体表的细胞中，然后用强效的酶将其分解。个头相当大的生物都能被捕食并分解，之后它们就可以享用大餐了。

海洋表面的“伊甸园”不过是一座战场，落败者无处可逃，也不可能生还。浮游植物和浮游动物位于复杂的食物链的底端，一起养育了整个海洋世界，海洋中最强大的食肉动物都离不开它们。实际上，这些小不点儿的生命是非常短暂的，即使不被吃掉，也会很快死去。它们通常只能存活几个小时到几个星期，死后就会沉入海底。

海洋表面所有物质都有下沉到海底的趋势。包括生物的残骸，大大小小的排泄物，活跃的细菌，从浮游生物身上脱落的矿物质外壳，从陆地上被风刮入或被河水冲入海中的无机质碎屑。许多单个的颗粒非常微小，要经过漫长的时间才能沉到海底。但是，在某些海域，或某些季节，例如，浮游生物大量繁殖的时候，各种颗粒就容易聚集在一起，形成较大的团块——有的较黏，有的较脆，有的多孔，有的密度很大，有的成分复杂，有的成分简单——即形成了所谓“海洋雪”，下降速度就会显著加快，即使是下降到海洋最深处也只需几个星期。此时，海底就会铺上一层灰色的、富含有机质的软泥。

一旦有生物死亡，许多微生物就会闻风而至，“接管”生物的遗体。它们就是海洋中的清理工和废物再生人员。这些微生物，有的和浮游生物生活在一起，随时等着它们死亡或排泄；它们也喜欢在光线昏暗的海洋中部徘徊，看到下降的生物碎屑就爬上去；还有一些总是潜伏在最深的海底，那里终年不见阳光，似乎充满了“罪恶”。它们和死亡打交道，却是在为生命创造条件。它们可以把生物的遗骸和动物的排泄物分解并转化成营养物质，释放到海洋中。这些营养物质主要有碳、氮、磷和硅。小小的细菌很擅长做这个工作。在分解复杂分子的过程中，各种细菌的角色是不同的。它们密切配合，影响着整个生命循环。

今天的海洋具有良好的通气能力，复杂分子被细菌分解后，各种“废物”，包括碳，都可以有效地循环利用。然而，在某些地区，生产力过剩，例如，秘鲁和纳米比亚沿海（受涌升洋流影响），或者在死水中充满了大量腐烂的有机物，例如，黑海或者加利福尼亚湾，情况就完全不同了。有机物含量太高，大大超过了分解它们所需的微生物数量，并且氧气也耗尽了。这是因为，第一批处理有机物的微生物是进行有氧代谢的，也就是说，它们自己也需要消耗氧气。当所有氧气耗尽的时候，那些进行无氧代谢的微生物才登场。但后面这些微生物分解有机物的速度非常缓慢，这样，一部分碳就留在了沉积物中。白垩纪中期，特提斯洋中生命物质循环的情况也大致如此。

洋流的作用

洋流产生巨大的动力，是陆地上的河流动力的2000倍。洋流是连续的，把地球表面大量海水变成了一个循环系统。海水之所以能不停地运动，是因为大气和风的推动，而大气和风的动力又来自无穷无尽的太阳能。洋流的径流量受到大陆的显著影响。例如，西北大西洋的墨西哥湾暖流每秒钟推动5500万立方米的海水运动，这个数字是陆地上前20条最大河流体积流量之和的1000倍。而向南运动的加那利洋流则宽广、缓和得多。

类似的洋流在赤道南北两侧之间循环流动，在各自的大洋中运作，这是因为几个大洲是南北对峙的，而且把大洋夹在当中。只有在围绕南极洲的南大洋，洋流不受地理环境的限制，可以在全球范围内循环。这一循环有效地把极地同赤道地区的水体隔开了。

大洋底部也有洋流，它们运动非常缓慢，但力量强大。它们远离人们的视线，但实际上和海洋表面的巨大涡流有密切关联。驱动它们流动的因素是海水的水温和盐度引起的密度差。在极地，当盐度很高的海水温度降低时，有 70% 的盐会析出。高密度的海水会沉入海底，并且流向赤道，成为全球温盐环流系统的一部分。总之，海洋表面和底部的洋流共同组成了一个巨大的循环系统，把热能、二氧化碳和其他营养物质,以及沉积物运往世界各地。美国著名海洋学家沃利·布洛克称其为“全球传送带”。它的原动力是赤道与极地之间较高的温差，再加上季节性的海冰。科学家估计，一个水分子进行一次完整的“传送”循环，需要 1000 ~ 1500 年。

现在我们知道,在全球气候变化中,海洋扮演着重要角色。海洋中蕴藏的巨大热量和水汽可以调节气候。当极端气象出现时，它们就像一块巨大的海绵，可以吸收气体，储存的二氧化碳是大气的 50 倍。高纬度海域和深海的低温海水储存的溶解氧比低纬度海域的温暖海水储存的溶解氧也更多。而海洋表面就像一个影响气体交换的双向阀门，有两个因素控制着这个阀门: 气体在海水中的溶解度和海水的搅动程度。

按照冰川理论，目前地球处于间冰期，也就是说，气候比较温暖。但根据目前各大洲的地理位置和海水循环情况，我们正生活在所谓冰室期。从赤道到南极，海洋表面的水温从27℃降到 −1.5℃。在2000米以下的深海，水温是不均匀的，在1 ~ 4℃之间变化。在极地，一部分厚厚的冰盖终年不化，而海冰的出现是季节性的。全球变暖的趋势正在使这种极端状况得到缓解，但并不能达到白垩纪那种温室期的状态。

关于洋流循环，读者应该知道一点，那就是涌流和营养物质的搅动对海洋的初级生产而言是非常重要的。主要营养元素包括碳、氮、磷和硅，以及其他一些微量元素，例如，铁是合成叶绿素必不可少的。这些元素大多是由河流提供的——河水每年携带着几十亿吨有机物进入海洋，而以上元素就蕴藏在这些有机物中。这些元素的另一个来源是海洋生物的遗骸和排泄物，在细菌的作用下，其中的元素会进入海水。但以上这些有机物都很容易下沉，其中的营养物质也随之沉没。不过在有涌流的地方，在冬季，由于风暴的作用，不同深度的海水发生混合，几百米以下的冷水快速上升，其中的营养物质也随之回到海面。

当不同的水体相遇时，涌流就发生了，洋流使得深处的冷水到达海洋表面。在现代海洋中，涌流主要发生在赤道附近以及两个高纬度的地区。有时，这一现象在某些海岸边也很明显，当海洋表面的洋流向远离海岸的地方流动时，深海的水体就会上升，填补“空缺”。在西非、智利—秘鲁和加利福尼亚沿岸都有这样的涌流。

解释

读者不要忘记，我为什么要介绍这么多现代海洋的情况？因为我想对以下问题给出合理解释：为什么在白垩纪中期的整个特提斯洋中，有那么多的黑页岩，也就是黑色遗骸？

现在可以肯定的是，白垩纪的地球就像一个温室。当时，特提斯洋就是一个开放的、低纬度的海洋，它在赤道附近提供了一扇供洋流出入的大门。热带的阳光照射着海水，洋流一直保持着较高的温度。环流把这些温暖的海水分隔开来，并驱使着它们向地球的南北两极运动。板块构造研究表明，那时两极都没有陆地。在当时的高纬度海洋沉积物中没有发现浮冰的痕迹，这与现代北冰洋是不同的。在当时的南极和加拿大地区（北纬 85°，相当于今天的北冰洋中部）的岩石中发现了大量树木化石（整片森林都变成了化石），在北纬 60°附近（相当于挪威奥斯陆北面）发现了煤炭，还发现了珊瑚礁，这些珊瑚礁应该是在亚热带海域形成的。

还有一个证据可以证明白垩纪的气温较高。这就是几十年前，剑桥大学的尼古拉斯·沙克顿爵士发明的氧同位素法。这一方法如今获得广泛应用。这个方法的理论基础是：氧有两种同位素：^{18}O 和 ^{16}O。在冷水和热水分子中，二者比例略有不同，较冷的海水更容易富集较重的 ^{18}O。当含氧的化石形成时，这一特性也保留了下来。从微小的浮游动物，到较大的牡蛎和蛤，无论什么动物，只要是从海水中获取氧，以便制造碳酸钙外壳，它们壳中的两种氧同位素就和环境海水中相同。数据是不容置疑的：在白垩纪中期，赤道附近海水表面温度是25 ~ 30℃，向着两极逐步下降，两极温度是10 ~ 15℃，而在2000米深处的贝壳化石表明，当时的环境温度是15℃。

最早得到以上结论的是埃里克·拜伦。他曾经和我共同乘坐“格罗玛·挑战者”号在南大西洋进行考察，现在是位于美国科罗拉多州波德郡的国家大气科学中心主任。1980年，他根据我们在钻探岩芯时获得的白垩纪化石，测出了这些令人瞩目的数据。关于海水温度，关键之处是，温度越高，含氧越少。因为随着温度升高，逃逸到空气中的氧气增多，被浮游动物用于制造钙质或硅质外壳的氧气也增多了。

白垩纪的海水温度远比今天高，而且由于当时海水温差小，也没有季节性海冰，所以洋流速度也远远比今天缓慢。在白垩纪，海平面比今天高得多，而且一直在上升，因此在特提斯洋沿岸，海岸线平缓的地方经常被海水淹没，形成了许多边缘海和潟湖，这些因素都减缓了洋流的速度，并且容易形成死水。这种情形同样发生在特提斯洋与狭窄的南太平洋交汇的地方，也就是我最开始研究黑页岩的地方。在这些地方，水温很高，因此氧气含量较低。当细菌开始在这些地区分解有机质时，缓慢流动的洋流，部分受限的沿岸地区，以及半封闭的边缘海，都加剧了氧气含量的降低。最后，这些海域的氧气完全耗尽，水体也完全淤塞了。

在特提斯洋中，海水表面的初级生产力是很可观的，岩石中发现的大量浮游生物化石有力地证明了这一点。特提斯洋宽广的海岸带就像肥沃的花园，非常有利于生物繁殖。这些生物创造的大量有机物都顺着大陆坡进入了海洋，这是大陆对海洋的慷慨赠予。我们在南大西洋的工作地点就处于这样的环境中。鲸湾海脊（即沃尔维斯海脊）的有机物碎屑在细粒的黏土和淤泥的裹挟下源源不断地进入幽深的安哥拉海盆，并且被迅速掩埋。因此，细菌和食腐动物难以接触到这些有机物，也就谈不上分解它们。另外，因为掩埋它们的黏土和淤泥非常致密，海水中的氧气无法穿透。结果，大量生物的遗骸得以完整地保存下来。

氧气缺乏、有机质丰富，这两个因素共同作用，使生物的遗骸大量沉积在特提斯洋，并且分布非常广泛。这一幕发生在大约0.85亿～1.25亿年之前。我的同行，牛津大学的休·詹金斯教授称其为海洋缺氧事件。而我在本章一开始称其为黑色遗骸。

油气的形成

不知是巧合，还是科学的必然，在特提斯洋中，造成黑色遗骸的地质环境恰恰也能形成21世纪的命脉——石油和天然气。在此，有必要讲一讲石油——它是怎样形成的，又是怎样储藏的，再看看特提斯洋中的黑页岩是如何影响现代人的生活的。

石油、天然气，还有煤炭和泥煤，都是化石燃料，主要成分和地球上的生命一样，都是碳和氢。植物死亡之后，它们的残骸经过腐败和一系列变化，在几百万年之后，就形成了化石燃料。在这一过程中，实际上只有一小部分植物残骸能变成化石燃料。就碳氢化合物（石油和天然气）来说，它们的故事开始于阳光直射的古海洋和古湖泊表面，这里有不计其数的微生物。如果条件适合，例如，较高的初级生产力，氧气缺乏，微生物的遗骸被细粒沉积物快速掩埋，就能产生黑色的、富含有机物的泥。这种泥就是我前面说过的白垩纪黑色遗骸。

在这些黑泥中，有一些物质可以形成碳氢化合物分子，这些分子正是石油或天然气的“骨架”。一些陆生植物容易形成天然气。而海洋中的浮游生物（黑页岩的主要成分）容易形成石油，如果环境温度很高，会进一步形成天然气。这个过程是有机物“成熟”的过程，就像许多地质事件一样，这一过程是极其漫长的，足以使黑泥覆盖上厚厚的沉积物，足以使黏土压实和变硬，最后变成黑页岩，也足以使有机物温度升高。

生物残骸中的复杂分子要分解成长链的碳氢化合物分子，也就是石油的主要组分，必须有合适的温度，通常是 50 ~ 100℃。这个区间称作温度窗口。如果温度再升高（150 ~ 250℃），长链的碳氢化合物会分解成短链的碳氢化合物，主要是甲烷，也就是天然气。在洋壳中，多数地方的温度梯度（即温度随深度的变化率）是每千米 20 ~ 30℃。也就是说，形成石油的地方通常是海底以下 2 ~ 6 千米，如果要形成天然气，还要更深。而形成这么厚的沉积物，通常需要一两千万年。

石油和天然气弥散在细粒的、密实的黑页岩中，很难提取，再加上深埋在海底下面，开采难度就更大了。但是，埋藏深度大，压力也大，巨大的压力驱使着碳氢化合物不断向上、向外运动。据估计，至少有 90% 的原生石油和天然气都通过天然的微小通道散逸了，成了营养元素大循环的一部分。

其余 10% 被包裹在砂岩或其他沉积岩内部的细孔中，或石灰岩的微小裂隙中。甲壳动物的钙质外壳和珊瑚礁碎片也能部分溶解在这些裂隙中。这些砂岩或石灰岩称为储集层，是石油勘探人员努力寻找的目标。它们就像海绵一样，不过吸收的不是水，而是石油和天然气。储集层的成因有多种，也许是海相沉积，也许是陆相沉积。不过都需要达到一定体积才能真正储集石油和天然气。储集层的结构就像一个带盖儿的罐子，碳氢化合物可以在里边移动，但就是跑不出来。油气就是在这样的地下结构中一点点积累起来的（图 5–2）。

黑色的金子

科学家普遍认为，从白垩纪中期开始形成的黑页岩形成了储量最丰富的油田。从地质角度来看，OPEC（石油输出国组织，控制着世界上多数石油的开采和出口）多数成员国都位于古特提斯洋的边缘。目前，世界上三分之二的石油和四分之一的天然气都产自这里。许多大型和超大型油田都是在白垩纪形成的。其他石油高产区的地质结构也差不多，例如，

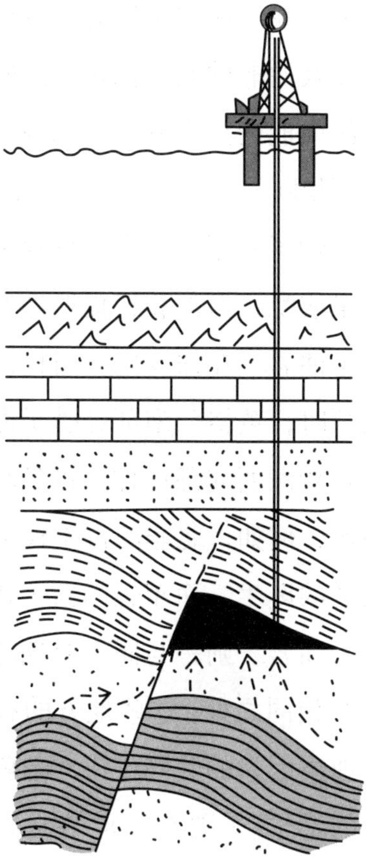

图5-2　形成和储藏石油的要素

利比亚的苏尔特盆地，委内瑞拉，还有澳大利亚西北沿海，哈萨克斯坦和乌兹别克斯坦等。

以上区域都与古特提斯洋有关。实际上，不仅生油岩是由古特提斯洋的黑色遗骸形成的，就连储集层也是沿着特提斯洋的海岸线或大陆坡形成的（通常是在特提斯洋晚期）。生油岩与储集层紧密相连，非常有利于石油的迁移和储集。近年来，在大西洋两岸海底深处发现了大量石油，包括巴西沿海以及西非的几个国家。这些地区的生油岩同样是形成于白垩纪中期的黑页岩，起源与引起我无限遐想的安哥拉海盆的岩石相同。

除了白垩纪中期，世界上还有其他黑页岩期，形成时期或早或晚，但都和特提斯洋有关，其中有些是其他大型油田的生油岩。在侏罗纪，当特提斯洋的海水第一次向北漫延到欧洲时，英格兰南部经受了海水的冲刷。如今，这里和北海以及欧洲西北部一样，也是欧洲的重要产油区。但也有一些地区，例如，北非的古生代生油岩的形成时期远远早于特提斯洋的诞生。而年轻的新生代生油岩，例如，墨西哥湾海底的生油岩，则是与同一时期的海洋一起形成的。不过它们有一个相同之处：这些地方的石油都离不开黑页岩。总之，许多地质因素的共同作用，造就了现代人类最渴望得到的“黑色的金子”（图 5-2）。在此，我想提醒读者注意的是，人类用几秒钟的时间就可以耗尽大自然用上亿年积累的财富，例如，我们现在使用的石油。

第 6 章

有史以来最大的洪水：海进和海退

庄严，雄伟……
那是壮丽的白垩悬崖，
海鸥尖叫着从上面飞过。
惊涛拍岸，燧石破裂。
时间这永恒的沉默者，
守护着丰饶的大海。

——多利克·斯陀《白垩海》

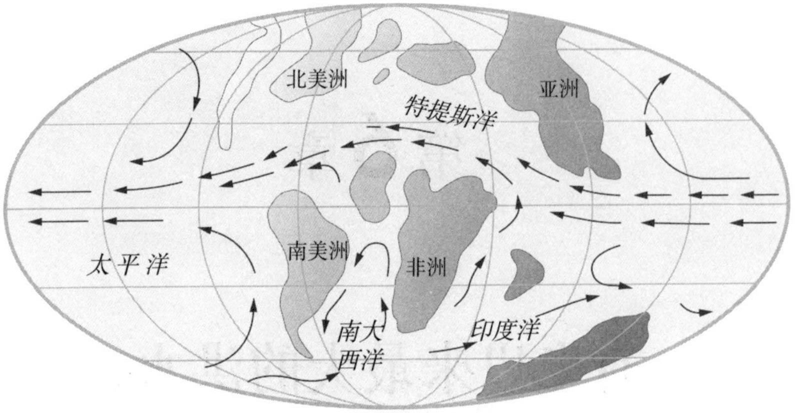

晚白垩纪特提斯洋海图（8000万年前）。图上标出了洋流。此时特提斯洋面积达到极大，而陆地面积只占地球总表面积的18%

在白垩纪，新大洋的快速生长促使黑色遗骸在全球范围内扩展。特提斯洋的扩张速度很快。新的海底向上生长，形成了壮观的山脉，但完全淹没在海水中。山脉的体积巨大，占据了原来海水的空间，于是海水被挤到了陆地上。这导致了此后数百万年里，海平面不断上升，比以往数十亿年都高。可能比现在高 300 米（图 6–1）。特提斯洋和邻近海域的面积空前广大，整个地球表面有 82% 被海水淹没。而现代海洋的面积只占地球总表面积的 67%。

在晚白垩纪，现代欧洲的大部分都位于海平面以下。特提斯洋有一部分淹没了北非，这部分水域称为跨撒哈拉海道。而在北美洲，莫瑞海不断泛滥。无论是在特提斯洋的边缘海，还是在深海中，都沉积了许多柔软的白垩岩，它们其实是数量庞大的浮游生物的钙质骨骼形成的。现在，从盎格鲁 – 巴

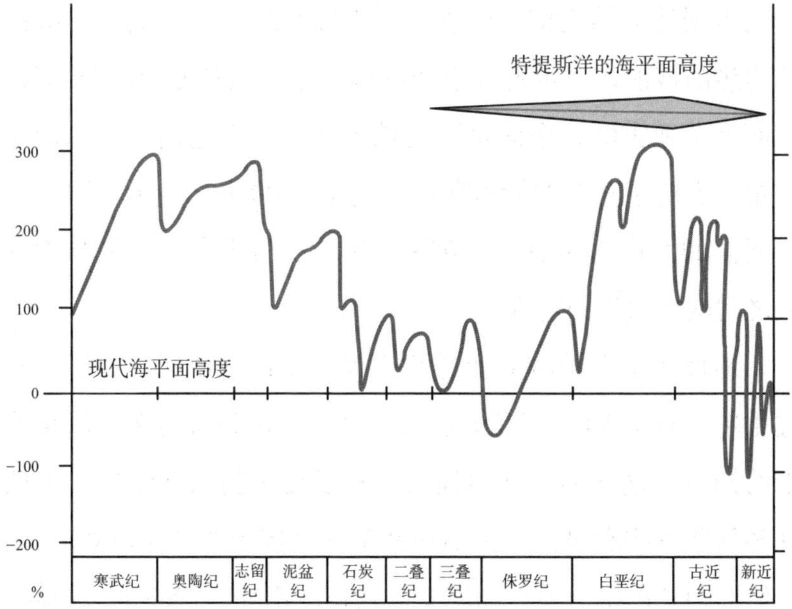

图6-1 5.5亿年来海平面高度变化图。在大部分时间内，海平面比现代海洋高

黎盆地到北非，从堪萨斯到克里米亚半岛，带有黑色燧石条带的白垩岩随处可见。岩石的这种条带状构造反映了古气候的变化韵律，而古气候的变化又是和天文变化密切相关的。

板块构造论很重要

请读者再考虑一个老问题：海洋是如何成长的？我们的故事始于古生代末期，那时，泛大陆的面积是空前绝后的，是地球上唯一的一块超级大陆。不过在其东部有一个较大的凹陷充满了海水，这里就是特提斯洋的雏形。之后，泛大陆经历了重大变化：它分裂了，并开始漂移。漂移非常明显，海水开始占据泛大陆先前的位置。泛大陆腹地原来是高大的群山和灼热的沙漠，海水就从中间流过，把泛大陆分割成两部分：北面是劳亚古陆，南面是冈瓦纳古陆。分隔它们的海水越来越宽，变成了宽广的特提斯洋。这是 8000 万年前的故事。特提斯洋的宽度为 4000 ~ 5000 千米，大约相当于英国与加拿大之间的大西洋的宽度。

地球历史上的海陆变迁并不仅仅是饭后谈资。如果你看过比尔·布莱森的《万物简史》，就会了解许多有关板块构造论的知识。这本书生动地描写了科学史（包括地学史）上的许多重要人物和事件，包括那些某一领域中的“异议者”，以及他们的“谬论”最后如何变成共识。例如，1963 年，《地球物理研究专刊》拒绝了加拿大地质学家劳伦斯·莫利关于海洋在扩张的论文，编辑的审稿意见是：“这些推测很有趣，但只适合在鸡尾酒会上谈论，而不能刊登在严肃的科学期刊上。”在同一时期，剑桥大学的德拉蒙德·马修斯和他的博士生弗莱德·维恩也独立观察到海底在扩张，不过他们的工具是北大西洋的地磁学数据。很幸运，他们的论文在《自然》杂志上发表了。这标志着科学界接受了“海底在扩张,大陆在漂移”的观点。

几年之后，我成为剑桥大学的学生，聆听了马修斯极富感染力的演讲，当时他的演讲内容还十分前沿。地质系几乎所有师生都十分兴奋。马修斯的几位年轻同事，例如，丹·麦肯锡和阿兰·吉尔伯特 – 史密斯正准备研究相关的棘手问题。

板块构造论是一个优雅而简单的理论，但它颠覆了人们对地球和海洋的传统认识。我们这些新生也积极投入对这一新的范式的学习中，试图用一种全新的眼光理解地球。

在前面几章，我曾经指出，板块构造论对研究地球的历史有指导意义。超级大陆是由几个板块“融合”在一起的，这个观点对研究物种灭绝有指导意义。泛大陆的分裂对侏罗纪海洋中物种大爆发起了重要作用。在赤道地区的特提斯洋不断扩张，改变了洋流径迹、全球气候和海平面的高度，并且导致了黑色遗骸的形成。而黑色遗骸最后变成了脆弱的现代社会的命脉——石油。这样的例子还有许多。实际上，在下一章，我将阐述如下观点：致使白垩纪—古近纪生物和后来的恐龙灭绝的，可能是板块运动以及地球内部其他运动，而不是许多人相信的地外天体碰撞。因此，我觉得以上有关板块构造论的简单介绍是很必要的。

海底的磁力带

在维恩和马修斯发表论文之前数年，地质学和海洋学界还有一项支持板块构造论的重大进展。这项进展和回声测深器的使用分不开。这种仪器的使用很简单，把它安装在船体上，刚刚被海水浸没。工作的时候，测深器会向海底发射声波，声波被海底的岩石反射后，再被测深器接收。只要知道水中的声速和声波从发送到接收的时间，就很容易算出水深。这个设备是战争的产物。第二次世界大战时，美国海军需要为潜艇绘制精确的海底地形图，普林斯顿大学的地质学家哈雷·赫斯为此研制了测深器。他后来在 1960 年发表了一篇极富洞察力的论文，这使他成为板块构造论的奠基者之一。

回声探测器发现了海洋的重大秘密：在海面以下 2.5 千米，分布着世界上最长、最大的山脉，其长度足有 75 000 千米。几乎在北极点的下方，一条锯齿状的山脉从北冰洋向北大西洋和南大西洋延伸。它与另一条山脉相连，这两条山脉分别进入了太平洋和印度洋。山脉的宽度可达 1000 千米，高度可达 3 千米。地质学家将这些海洋中的山脉称作全球洋中脊，它们相当于海洋的骨架。目前，多数人还觉得洋中脊既遥远又陌生，但自从发现之日起，地质学家就开始了对它们的研究。

研究发现，洋中脊是新的洋壳不断生成的地方，在特提斯洋中如此，在特提斯洋出现之前也是如此。并且洋中脊是火山爆发和地震频繁的带状区域，从这里不断喷发出黑色的火山岩，也就是玄武岩。地幔中巨大的对流胞驱使高热物质上升，堆积在洋中脊下部。高温的晶体和熔融的岩石，也就是岩浆，堆积在洋底以下几千米的巨大的岩浆房中。这些岩浆随时试图突破洋壳上最薄弱的地方，不断冲入上方冰冷的海水中。在海底以下 2.5 千米，这种爆发远远不如陆地上剧烈，喷出的岩浆凝固以后，外形就像挤出的牙膏一样，称作枕状熔岩。枕状熔岩的边缘是玻璃质的，这是 1000℃的岩浆与接近 0℃的海水接触后，迅速冷却的产物。

在海底，随着越来越多围岩和枕状熔岩的出现，新的洋壳形成了。之后，新洋壳逐渐分裂，在海底的低温的岩石上缓慢移动。洋中脊的顶部由于温度高，所以密度较小，因此会上升。但当它冷却之后，会慢慢下降。与洋中脊相距越远，洋壳的温度就越低，它们会形成逐渐变深的海洋的底部。并且由于上部海水带来的沉积物越来越多，会陷得越来越深。

如果以地球为参照物，海洋扩张的速度是非常缓慢的，平均每年新增洋壳 3.5 平方千米，洋中脊的扩张速度是每年几厘米。但经过漫长的地质年代，肉眼根本察觉不到的微小变化累积起来，新的海洋就由此出现了。当洋壳顺着又深又窄的海沟滑入地幔的时候，海洋又会消失。

在测量洋壳的年龄时，人们发现：离洋中脊越远，海底岩石的年龄就越老。这给维恩和马修斯在 20 世纪 60 年代提出的板块构造理论提供了坚实的事实依据。地球磁场与熔岩之间存在着奇特的相互作用。海底就像一台磁带录音机，富铁的矿物结晶后，从灼热的岩浆中析出，受到磁化，顺着磁力线整齐地排列在一起。当岩浆冷却后，这些矿物就不能移动了。而岩石中矿物的磁场方向就是当时的地球磁场方向。如果现在磁场方向是正向的，那么，相反的磁场方向就是反向的。在历史上，地球磁场的方向多次发生倒转，周期变化很大，短则数千年，长则数百万年。在科考船尾部拖一个磁力计,就可以测定经过的各处岩石的磁场强度和方向。结果表明，在洋中脊顶部两侧，形成了两条磁场方向完全相反的狭窄的磁力带。

对磁化的熔岩带中的矿物进行放射性同位素测年，可以获得磁场倒转的时间，也就可以得知海底磁力带形成的时间。根据这些数据，可以绘制出完整的洋壳形成时间图。在现代海洋中，最古老的洋壳形成于大约 1.8 亿年前，而且离洋中脊顶部（现在的海洋扩张中心）最远。我们还可以得到板块漂移的方向，这样就可以算出海洋扩张的平均速度。实际上，深海钻探计划第 75 航次的一个重要工作就是测定安哥拉海盆的洋壳的年龄。我们最后根据钻取的枕状玄武岩测得其年龄为 1 亿年，也就是南大西洋开始扩张不久。

洋中岛

洋中脊的大部分都位于海面以下，因此，在 20 世纪中期发明测深仪之前，人们根本不知道它们的存在。但我们现在知道，在洋中脊上有些地方远远高出其他地方，甚至高出海面，形成岛屿。这些岛屿非常偏远，却非常迷人。我一直清楚地记着，在安哥拉海盆工作两个月后，我们的考察船继续航行，穿过南大西洋的情形。天将破晓，考察船行至圣赫勒拿岛。我站在“格罗玛 · 挑战者”号的甲板上，眺望这座孤悬海中的小岛，只有在灰蒙蒙的天上滑翔的信天翁能让人感到一丝生气。1815 年，英国政府就是把拿破仑流放到这里，以防他再次威胁英国。拿破仑当然不知道,圣赫勒拿岛就坐落在洋中脊之上，他也不会知道，他脚下那股躁动的力量有多么强大。

冰岛也是洋中脊露出海面的一部分。在海洋刚刚开始扩张的时候，一个地幔柱就把它顶出了北大西洋。在冰岛的辛格维利山谷，可以看到坚硬的柱状玄武岩，它们是海底扩张的产物。有趣的是，这里是古冰岛人的“议会”遗址。

最近（2009 年 4 月），我收到一个在亚速尔群岛举办的关于海洋环境和资源管理的国际会议的邀请，要我作一个深海能源前景的报告。这个邀请我无法拒绝，因为亚速尔群岛正位于大西洋中脊之上。该群岛在葡萄牙以西 2500 千米，是一个长期的热点。9 个主要的岛都是火山岛，地势崎岖。会议在法亚尔岛召开。岛上有一座废弃的灯塔，上面覆盖着一层新鲜的火山灰。本来灯塔位于岛的最西端，现在它却位于远离海岸的地方，不必再忍受海浪的冲击。50 年前的一天，蔚蓝色的大海像开锅一样，海面上冒出大量气泡。在法亚尔岛的西面，一座新的火山穹丘升出了海面。此后几个月，海底火山不断喷发，火山灰到处飘扬。法亚尔岛有了一个全新的最西端——高达 400 米的悬崖。如今，火山已经平静了下来。

我来到法亚尔岛，在岛的西端，看到一些生命力很顽强的竹子。它们可能是这个新区域的第一批居民。脚下全是火山灰，也许我是第一个在上面留下足迹的人。我沿着覆盖着火山灰的山坡爬到悬崖顶端。谁都没有到过这么高的地方，即使是那些竹子。想到这里，我感触良多。这里的火山岩具有明暗相间的条带，有一些岩石，足有背包那么大，可见海中蕴藏的力量有多么可怕。我站在悬崖上，向西面远眺，什么都看不清楚。但是我知道，在 120 千米以外，还有两座岛：

弗洛雷斯岛和科尔武岛，它们在裂谷的另一侧（裂谷的延伸方向和大西洋中脊一致），与法亚尔岛同时形成，不过在以肉眼难以察觉的微小速度向西运动。总有许多不惧风浪的人从北美洲出发，独自驾船，横渡大西洋，我的表弟阿德里安就是其中之一。而弗洛雷斯岛就是他们到达欧洲后的第一个停靠港。而在大约500年前（译者注：原著误写为350年前），克里斯托弗·哥伦布在开始他的“大发现”之旅时，曾经来过法亚尔岛。

亚速尔群岛之旅对我来说意义非凡，因为群岛下方就是一个三联点，是大西洋中脊的两个分支与亚速尔断裂带交汇的地方。极古老的亚速尔断裂带向东延伸，穿过大西洋和直布罗陀海峡，进入地中海，然后变成了巨大的缝合线，这是特提斯洋最终闭合的地方。这条缝合线，我在第1章曾经提过，那时我在西班牙的福恩吉罗拉海洋学院准备动笔编写此书，从学院住所的窗户向外望去，能看到这条缝合线。

就像现代海洋一样，特提斯洋肯定也是从扩张的洋中脊中形成的，然后不断扩张，直到宽度和现在的大西洋一样。一些洋壳碎片以及一些当年的岛屿以蛇绿岩的形式保存至今（见第8章）。

海升海降

因此，在特提斯洋的这个阶段，在赤道附近，有一个巨大的洋中脊，就像锯齿状的山脉一样，隐藏在海底，其具体位置应该是在北面的劳亚大陆和南面的冈瓦纳大陆之间。泛大洋被一系列的裂谷一分为二，这个洋中脊的延伸方向应该和这些裂谷相同。在洋中脊附近肯定有地幔热点，也许正是它们催生了岛屿和群岛，例如，今天的圣赫勒拿岛和亚速尔群岛。在此我要提醒读者朋友注意，并非所有热点都位于洋中脊附近。刚才提到的裂谷中就有热点，它们目前位于陆地以下；而现在太平洋中的夏威夷热点也离太平洋中脊很远。

当泛大陆分裂的时候，还形成了另外一个裂谷。它也是在初期的洋中脊上开始扩张的。它开始只是特提斯洋的一片狭长的水域，但最后形成了南大西洋。实际上，深海钻探计划第 75 航次钻取的岩芯表明，南大西洋直到大约 1 亿年前才开始扩张，当时沿着鲸湾海脊刚刚发生了一系列海底火山爆发（也许和热点有关），形成了许多海底山脉和珊瑚礁，根据对钻取的岩芯的分析，可以证明这一点。再往东，印度板块从冈瓦纳大陆的南部分离出来，导致了印度洋的形成。

我曾经说过，在晚白垩纪，全球的海平面都非常高。虽然难以断定其准确高度，但可以肯定的是，至少比现在高 200 米，有些地方甚至接近 300 米。换算成英制，相当于我们头上悬着 1000 英尺的水！如果今天的海平面升高 300 米，那么，大约一半的陆地会被淹没，也就是说，地球上被陆地覆盖的面积将仅有 18%。这部分陆地会被分割成许多小块，而且都很肥沃，气候也很湿润。而在当年，不断经受特提斯洋海水冲刷的海岸带，基本上也是这样的。行文至此，我觉得有必要谈一谈海平面的高度。读者会看到，活跃的海底扩张与全球海平面上升有密切关系。

我是在德文郡南部长大的，从小就对潮汐特别感兴趣。当潮水淹没宽阔而平缓的海滩时，我和小伙伴们就会冲到水里。每天，潮水都会造访两次，在沙滩上留下一圈一圈的波纹，然后退去。日复一日，从不爽约。为什么会这样呢？是什么力量驱使潮水涨了又落，让海面升高又降低？爸爸说，因为太阳和月亮对地球有引力，这种引力把地球的表面——海水，“拽”了起来。当年特提斯洋的海水当然也会受到同样的引力。后来，我知道了我们的祖先从非洲南部出发，到达红海，离开非洲；或是从西伯利亚出发，穿过白令海峡，到达阿拉斯加等地，最后在美洲繁衍生息。我又想到了大规模、长时间的海平面变化。我那时是个还没什么经验的年轻地质学家，喜欢在悬崖顶上寻找含有海洋动物化石的岩石，那个曾经只是在书本上见到的问题，真真切切地摆在我的面前：海里面的动物是怎么跑到这么高的山上的？以前，这个问题曾经使地质学家和宗教人士产生了尖锐的对立。

事实上，即使没有潮汐的影响，海岸线的位置也总是在变化的。陆生生物化石的空间分布可以证明这一点。例如，在一些地区的晚白垩纪岩石中，人们发现了恐龙以及某些陆生植物的化石，还发现了海洋爬行动物和浮游生物的化石，它们形成于同一时期，但明显属于两个区域。海岸线应该处于两个区域之间。有时候，地质学家会非常幸运地发现一些标志性沉积物，它们只能沉积在三角洲、河口和海滩上，沉积物中含有牡蛎化石或者潮间带上的鸟足迹化石，据此可以相当准确地还原古海岸线的地理位置。可惜，这些沉积物非常少见，而且往往位于浅海的水面以下。

不过，还是要感谢测深技术的发展，我们现在可以测定大陆边缘的沉积物的厚度，这些沉积物是在海进、海退的过程中缓慢形成的。当高能、低频的脉冲到达海底的时候，一部分能量会进入海底沉积物中，到达不同沉积层的交界面时，再反射回来。这项技术大量应用于石油工业中，可以清晰地描绘出地下构造，称作地震剖面。就像地质剖面图一样，能够反映地层的连续和整合关系，据此可以得到不同时间海岸线的位置变化信息，进而推测出海平面高度。地质学家普遍认为，海中的地震剖面图信息比陆地上根据零星的露头绘制的地质剖面图信息要完整，虽然他们对某些细节的看法还不一致。

我关注的是，在特提斯洋存在的2.5亿年中，海平面到底发生了什么变化。在晚二叠纪，海平面与以往5亿年相比，是最低的。巧合的是，超级大陆也是这时形成的，二叠纪大灭绝也发生在这一时期。在随后的1.7亿年至1.8亿年中，海平面不断回升，至晚白垩纪，最高升高了300米，这一过程可划分成10 ~ 12个明显升高和短暂降低的阶段，称作“超旋回”。之后，经历了一个基本上相反的“超旋回”，海平面降到了现代的水平。特提斯洋也经历过这样的“巨旋回”。从微观角度来看，超旋回就是许多短期变化的组合。

很难一句话就解释清楚，这些时间或长或短的旋回的动力是什么。剑桥大学的地质学家范·安德尔教授在他的《新视角看地球》一书写到："先别说答案是什么，我们甚至连问题是什么都没有达成一致。"对此，我深表赞同。

我们现在可以确信的是，有3个主要因素导致全球海平面变化。第一个因素是海底扩张（特别是扩张总量和扩张率）。海底扩张速度快的地方，会产生较多的高温洋壳，它们的密度较小，就会上升，从而占据很大的水体体积，致使海平面上升。洋中脊在延伸的时候，也会产生同样的效果。这个现象也许能够解释上述巨旋回的前半部分，即为什么特提斯洋开始会不断增高。特提斯洋打开后，扩张速度很快，洋中脊的总长度也是增长的。第二个因素也和板块构造有关，特别是和海洋—大陆过渡的特性有关。其中涉及许多参数，包括海平面上升的区域与扩张中心的距离，是否发生板块俯冲，是否出现很深的海沟，以及高山与海岸线的距离。这些因素共同作用之后，具体结果更难预料，但可以肯定的是，超旋回的周期变化与它们有关。第三个因素，大家就比较熟悉了，那就是，大量的海水变成了冰盖，留在陆地上。请注意，只有这些冰盖被锁定在陆地上，而不是漂浮在海上，才能影响海平面高度。我们现在能够得到过去两百万年间的冰期—间冰期的海平面高度的波动数值。在我们那些为生存而奋斗的祖先看来，这种波动非常惊人。但这种高频率、大幅度的变化正是当时的地质活动的显著特征。这个时候，特提斯洋早已消失了。实际上，在特提斯洋存在期间，地球上总有一些地方始终是没有冰的。因此，为了解释特提斯洋巨旋回的后半部分，也就是在白垩纪到达顶峰后，海平面高度为什么越来越低，我们必须再次回到板块构造论：因为特提斯洋扩张速度降低，直至闭合。

除了海平面时高时低，地球上一些地区的局部变化也很复杂，这些变化可能只是影响了一小块儿地方或者滨海地区。它们也许是板块抬升或下降（即地球的局部运动）引起的，也许是刚刚抬升的山体发生剥蚀，突然发生大面积崩塌，沉积物堆积在滨海的三角洲引起的。或是大量冰川的重量压在某处，使其发生变形，然后从某处移去，又使其反弹。

洪水来临

在二叠纪和三叠纪，泛大陆广泛分布着砂成与河成的红砂岩。而在白垩纪，地球上到处是白色的白垩质山崖。实际上，“白垩纪”——Cretaceous 的词根源于拉丁语 creta，意思就是白垩，一种细粒的、纯净的石灰石，质地柔软而易碎。

在世界各地旅游的过程中，我在许多地方见过这种标志性的岩石，巨大无比，就像海中怪兽。它们有力地证明了，在晚白垩纪，特提斯洋居然能淹没那样的高度。我始终认为，白垩质山崖是非常独特的。白垩山丘的线条非常柔和，但土壤非常贫瘠，因此上面植被稀疏。山崖很陡峭，但岩石本身手感很松软。在强烈的阳光下，它们反射着冷冷的白光，我不得不戴上墨镜观察它们。常常可以在白垩中看到黑色的燧石。在许多河流旁和海滩上都能看到大量这样的含燧石的卵石，但产生它们的白垩高地早已消失了——溶解在大海中。

我经常想，这种与特提斯洋密切相关的燧石很容易被我们的祖先打磨成得心应手的工具，如果没有它，不知人类能否发展成现在这个样子；如果没有巴黎盆地的白垩高地，我们是否还能喝上美味的香槟和长相思葡萄酒（我的最爱）。

现在，我们看看这些白垩山丘蕴藏着什么样的秘密。地中海地区——克里特、科西嘉、卡拉布里亚、西西里以及希腊的一些岛屿（曾经都位于特提斯洋中部），均遍布白垩。这些白垩很厚、很细，成分很单一。甚至在一般的岩相显微镜（与锤子、放大镜并称地质学家三宝）下，也看不到别的东西。我在剑桥大学就读的时候，扫描电子显微镜刚刚进入一些资金比较雄厚的大学。我记得有一次学术讲座的内容就是用这种设备观察白垩。扫描电镜拍到的照片让我们非常惊讶，上面是直径 1 微米（1 毫米的千分之一）的颗石藻化石。每一层白垩中都含有上万亿个这样的浮游生物（图 6-2A）。

从地中海地区向东，经过喀尔巴阡山脉，直到黑海；向南，经过中东，直到北非，一路上全是白色的白垩。实际上，白垩在整个非洲分布非常广泛，这些地区历经漫长侵蚀，变得相对低平。从利比亚和突尼斯，到尼日利亚，特提斯洋横扫非洲大陆，海水涌进了正在快速扩张的南大西洋。在墨西哥湾，

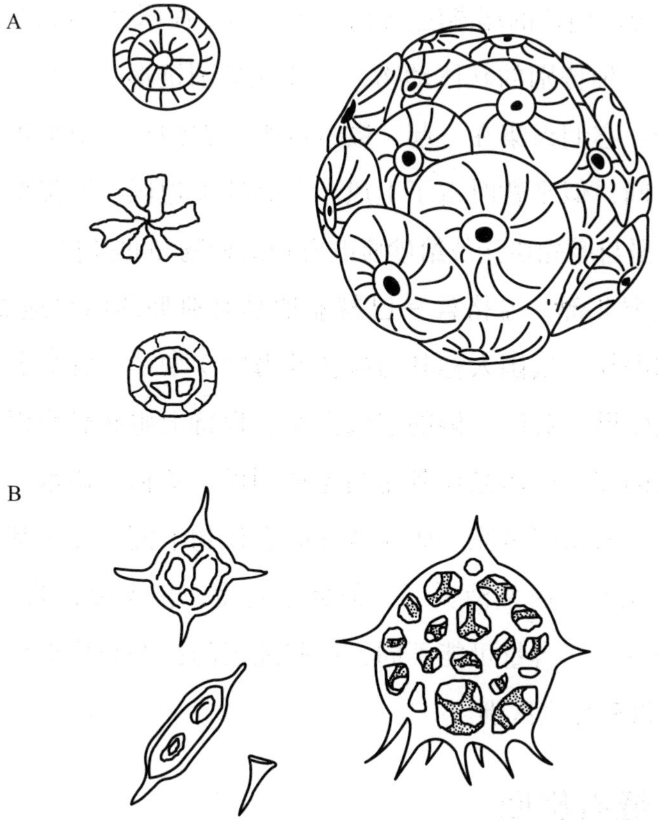

图6-2 出现在白垩纪特提斯洋白垩中的微体化石图

A. 球形颗石藻，覆盖着钙质的片状物，片状物有多种形状。球形颗石藻和有孔虫（图5-1）是白垩的主要成分。 B. 3种硅鞭藻，主要成分是硅。硅鞭藻与放射虫、硅藻（图5-1）是燧石结核和条带的主要成分

海水向北流过得克萨斯、阿拉巴马和科罗拉多，和莫瑞海连在一起，并因此和北冰洋连在一起。有趣的是，在侏罗纪海洋中占有统治地位的珊瑚礁，到了晚白垩纪，被厚壳蛤取代了。厚壳蛤是一种特别的软体动物，一片壳呈圆锥形，而另一片壳像盖子。它们聚集在一起，数量巨大。它们与六射珊瑚争夺生存空间，似乎暂时占了上风。在高纬度地区，特提斯洋成因的白垩与厚壳蛤让位给砂质的海相沉积物和北极黏土。

在欧洲北部，盎格鲁－巴黎盆地具有典型的白垩地貌。在英吉利海峡（法国人称其为拉芒什海峡）两岸，耸立着壮观的白色峭壁。英国一侧的多佛白崖、肯特七姐妹悬崖以及法国一侧的艾特勒塔悬崖都是白垩成因的。英格兰南部，溪水潺潺，一派田园风光。而在翠绿的农作物下面，几乎都是白垩。在北海，白垩消失了，但到了丹麦，白垩又出现了。除了其中燧石的含量可能不同，这些地区的白垩和特提斯洋中的白垩没有什么区别。

白垩－燧石旋回

这些燧石背后的故事各不相同。具有钙质骨骼的颗石藻和具有硅质外壳的硅藻，在浮游生物中占据了统治地位。它们周围游弋着贪婪的浮游动物，例如，有孔虫及硅鞭藻（图6–2B）。它们的残骸不断下降，堆积在海底，形成白色的、柔软的“底泥”。但是，硅鞭藻和硅藻外壳中的硅结构类似于蛋白石，脱离生物体并埋在海底后，很快就变得不稳定，会变成一种多孔的物质，从沉积底泥中析出。具备了一定的化学条件后，就会以一个晶核为中心，形成外形不规则的燧石结核，其成分是化学性质非常稳定的石英。燧石有多种颜色，是因为某些微量杂质占据了石英的一些晶格——微量的有机物产生黑色燧石，而燧石上的棕色或黄色则表明其中存在微量的铁。

从规则变化的白垩燧石条带上可以看出海洋的稳定程度和气候变化（图 6–3）。条带很可能是由于海底硅藻的周期性数量变化形成的。而硅藻的数量可能受周期性气候变化的影响。而地球绕太阳运动，引起了气候的周期性变化。塞尔维亚数学家米卢廷·米兰科维奇指出了地球运动轨迹的 3 个特点：①公转轨道的偏心率每 10 万年变化 6%；②地轴的轨道倾角每 4.1 万年改变几度；③地球在围绕太阳公转时，运动方式实际上很像陀螺，也就是说，它还在发生进动，周期为 2.2 万年。这 3 种运动的共同作用非常复杂，导致全球气候发生虽然微小但足以被观察到的变化，这种变化称为米兰科维奇旋回。米兰科维奇用这个理论解释了末次间冰期的气候变化情况。不过这个问题就谈到这里吧，否则和本书的主角——特提斯洋离得有些太远了。

关于燧石，我还有两个想法。第一个，我总在想，什么时候在地球上某个不为人知的地方能够发现旧石器时代的石质工具。第二个，神奇的英国人，特别是撒克逊时期以前的英国人，竟然用这种很难对付的石头建造了宏伟的教堂和城墙（译者注：公元2世纪初，罗马帝国在大不列颠岛上用石头和泥土修建的防御工事）。

图6-3　英格兰南部怀特岛的白色悬崖，可以看到独特的受气候变化影响的基岩和黑色的燧石结核（摄影：克莱尔·阿什福德）

“温室”中的新老生命

这里是大马士革，世界上最古老的城市之一！城外耸立着宏伟的高山，山石当然都是白垩纪的石灰岩。从城市边缘往市中心走，街区越来越小，越来越旧，越来越破败，因为财政紧张，政府无力修缮。城区就是在白垩岩上建立的，从远处看，很难区分岩石和房屋。置身大马士革，你会看到狭窄的街道，嘈杂的露天剧场，还有一根根古罗马时期的石柱，仿佛要把你带回古老的过去，让人不由得屏住了呼吸。但是，石柱突然消失了，挡住视线的是一个小小的茶馆。你走进去，看到的是破旧的桌椅和碎裂的地砖，闻到的是一股让人不舒服的味道。历史与现实的撞击就是如此强烈。

2009年，我的叙利亚之旅和特提斯洋有两方面的密切关系。第一，在叙利亚的帕米赖德山发现了晚白垩纪海生爬行动物的化石，这个非常令人振奋的消息，吸引我要来看一看。第二，在白垩纪之后很久，从帕米赖德山上冲下来许多岩石，它们是特提斯洋最终封闭时形成的。我准备沿着幼发拉底河考察一下这些岩石，不过这个工作没有那么紧迫。我所在的科研小组由大马士革大学的科研人员与幼发拉底石油公司（壳牌公司在叙利亚的分公司）的工作人员组成。公司每天有汽车接送我们。从大马士革出发，一路上有许多路标：黎巴嫩和贝鲁特在西面，约旦在南面，土耳其在北面。而东面是伊拉克。当然我们没有打算去那么远的地方，我们的第一站是巴尔米拉。

公路向东延伸，似乎永无尽头。除了贫瘠的沙漠，几乎什么都看不到。一路上，汽车几乎没有怎么转弯，眼前一片荒凉。开往大马士革的卡车络绎不绝，速度飞快，我总感觉要和我们撞车！

突然，巴尔米拉映入眼帘：一排排石柱静静地矗立在眼前，柱头上雕刻着典型的柯林斯式花纹。这些石柱曾经支撑着露天剧院、神庙和宽敞的庭院，多数都跨越了历史的长河，比较完好地保存下来。因为这里的气候非常干燥。有一部分石柱，遭受了有意无意的人为破坏，却也能屹立至今。当然，也有一些石柱，完全倒塌了，它们散布在各地，无声地讲述着自己的故事。毫无疑问，这里曾经是一座城市。实际上，这里曾是一处很大的绿洲，有丰富的泉水，3000 年前就有人在此定居。特别是在公元 2—3 世纪，这里是罗马帝国的一部分。当时，往来于幼发拉底河畔的杜拉欧罗普斯和地中海之滨的安条克的商队，喜欢在这里驻足，因此，巴尔米拉繁荣一时。置身古城，时间仿佛凝固了。

在巴尔米拉稍做停留，我们继续前进，向帕米赖德山进发。首先考察了位于查奎阿与内菲斯的磷矿，然后在巴德和索科内附近的白垩山上观察了岩石露头。矿区很脏很乱，但我们的发现很有价值。我们发现了 50 多种海洋爬行动物的化石，它们共同勾勒了一幅特提斯洋中的生命景象，也反映了从古生物到现代生物过渡的鲜明特色。其中有大量鲨鱼、鳐鱼和硬骨鱼（即现代鱼类），它们大多数位于食物链顶端。和它们共同占据这一位置的，是爬行动物中的庞然大物：蛇颈龙和沧龙。不过这两种恐龙很快就灭绝了。蛇颈龙和沧龙都能长到 15 米长，利齿如锯。读者可能还记得，我曾在巴西帕拉纳盆地发现过中龙化石。中龙比它们小得多，是在二叠纪大灭绝中消失的。沧龙应该存活到白垩纪晚期，而其他多数恐龙都灭绝得比较早。在恐龙化石群中，还常常可以看到一些古鳄鱼和现代海龟的化石。在晚白垩纪，有些海龟身长可达4米。

我们发现的化石群并不是典型的深海化石组合。古地理重建工作表明，当时的叙利亚地区离最近的热带风暴登陆地点有2500千米左右。这里的磷酸盐沉积物是典型的外陆架成因的，其形成环境的初级生产力水平很高，而含氧量很低。显然，曾经有非常宽广的大陆架延伸到海盆中。

晚白垩纪是一个黄金时代。平均气温和平均海平面高度都达到地球历史上极高水平。海洋表面长满了浮游生物，这可能是地球上生命力最旺盛的时期。但是，物极必反，这样的好时光就要结束了。

第 7 章

一个时代的结束：争论仍在继续

在空旷的海面上，
我看到一座座熔岩岛，
黢黑而棱角峥嵘，
那都是你触摸过的地方。
狂怒的海水，
目睹过板块的诞生，
不停敲打着它们，
打磨出新世界的海岸。

——多利克·斯陀《亚德里亚》

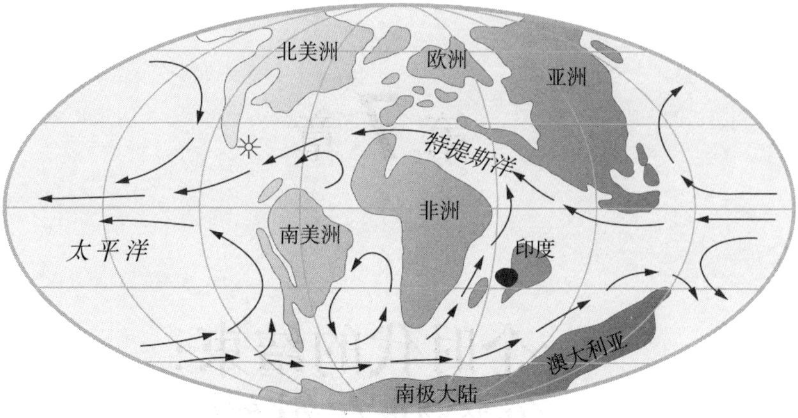

白垩纪末期特提斯洋图（6500万年前）及全球洋流重建图，反映了白垩纪—古近纪（K-Pg）大灭绝时期的特提斯洋状况。图中显示了希克苏鲁伯碰撞火山口和德干超级地幔柱火山事件

中生代突然就结束了，但这并不是毫无征兆的。中生代的结束可能是地球历史上最受争议的事件。恐龙在这个时期灭绝，巨大的爬行动物统治地球的时代一去不复返了。在1.8亿年的时间里，恐龙及其近亲统治着陆地，而在海洋和天空，它们也是强大的动物。但是，在白垩纪晚期，也就是6500万年前，它们的王朝走到了尽头。和它们一同灭绝的，还有许多有袋目哺乳动物和鸟类，以及大约四分之一种类的鳄鱼、龟和鱼。据统计，地球上有一半种类的动物灭亡，有20%已知科的动物灭亡。这次灭亡事件的持续时间并不长，但也并不是瞬间发生的。关于这次生物灭绝，现有的资料还很匮乏，因此我们无法还原当时的情形，多数观点都比较极端，引起了很大的争议。

关于恐龙灭绝的原因众说纷纭，有些是基于理性的推断，而多数纯属想象。有人说，恐龙的大脑太小，无法应对变化的环境；有人说，许多哺乳动物以恐龙蛋为食；有人说，毛虫把恐龙赖以为生的植物吃光了；有人说，它们饱受发烧、椎间盘突出、牙痛或眼疾之苦；还有人说，它们死于便秘，或者是吃了毒蘑菇。这些猜测听着很有趣，但都无法解释为什么其他许多动植物也在同一时期灭绝。我最近刚刚听到一种说法：由于海洋面积越来越大，所有恐龙的生存空间都被压缩在几个岛上，它们变得非常烦躁，因此不再交配——太荒唐了！诸如此类的解释还有很多，但都没有什么科学依据，不值一提。

大众对恐龙的命运特别感兴趣，不过在地质学家眼里，这一时期，海面上大量颗石藻以及其他浮游动植物的灭绝更值得关注，其中也包括特提斯洋。当时，它们的个体数量太庞大了，在今天的白垩峭壁和高地上，它们的化石随处可见。上一章已做了详细介绍。但是，这里特别提及它们，并非因为它们数量庞大，而是因为它们位于食物链的底端，可以说，它们就是世界的粮仓。

本章的目标是冷静和科学地考察一下，关于中生代晚期这次大灭绝，我们到底了解多少。请记住，这一时期正是白垩纪末期，即6500万年前。前面说过，这也是白垩纪—古近纪灭绝事件即K-Pg灭绝事件发生的时期。K是德语Kreide（白垩）的首字母，而Pg是英文Paleogene（古近纪）的缩写。

整个大陆去向何方

下面简单重述一下白垩纪末期陆地的情况。当时陆地面积不及地球表面积的18%，比现在陆地面积的一半稍多，并且多数地方很低，或者处于准平原化（因为经受了长期侵蚀）。主要山脉分布在北美和南美的西部海滨（洛基山和安第斯山的前身）、东南亚的东部和澳大利亚的西北部。当特提斯洋扩张的时候，泛大洋（太平洋）的一部分正潜没到大陆之下（应当指出，在多数古地质环境重建的过程中，包括本书每章开始的插图，在三叠纪和侏罗纪之后，没有使用“泛大洋”这个词，而用“太平洋”）。有一些较小的大陆在稳定地漂移着，它们相距越来越远。北美洲与南美洲分离，并且自身分成了两到三块；非洲分成了两块；印度在特提斯洋中部，自成一块；而欧洲的大部分和南亚、中亚都位于海面以下。西伯利亚与东南亚连成一体，澳大利亚仍然和南极洲在一起。以上地区是当时最大的几块大陆。其中，澳大利亚比较独特，因为后来海平面升高了，它是唯一没有被海水淹没的大陆。这可能是因为有几个板块共同挤压澳大利亚，使其高度不断抬升。

知道了大陆在什么地方，下面我们考虑一下它们在生物学方面的性质。这些大陆在地理上是分隔的，这就使得每块大陆上的陆生生命很快就开始独立演化，并且形成了各自的区域。因为各个大陆相距甚远，海水也很深，这就阻止了物种的迁徙。滨海物种和浅海物种也是如此。这样，生存环境早已受到挤压的恐龙和翼龙，必定会受到影响。从早白垩纪开始就在非洲、亚洲和南美洲繁衍的恐龙走向消亡，都未能活到晚白垩纪。在北美西部还有一小部分恐龙，发生高度分化，又苟延残喘了大约 1000 万年。到 K-Pg 界线时，已所剩无几。因此，这种可怕的庞然大物的最终灭绝基本上是悄无声息的，而不是惊天动地的，这可能出乎许多人的意料。

其他陆生生物的灭绝速度，我们知之甚少，因为适合保存化石的环境并不多，根据目前发现的化石进行统计，并没有太大的意义。我们估计，四分之三的鸟类和有袋类哺乳动物，以及四分之一的大型鳄鱼和龟类都灭绝了。但是，蜥蜴、蛇和两栖类动物以及多数有胎盘的哺乳动物得以幸存。为什么会这样呢？

在离开陆地，回到舒适的大海之前，我必须提一下一个重要的变化，这个变化最先发生在大陆边缘以及河岸边，之后蔓延到整个世界。这就是开花植物，也就是被子植物的进化。"被子"的意思是种子外面有东西包裹着。与其对应的是裸子植物，它们的种子是裸露在外的。这次进化是一场温柔的革命，始于白垩纪中期，被子植物首先出现在长着茂密的、绿色的蕨类和针叶树的地方，而此时，黑色遗骸正在海洋中蔓延。一开始，被子植物的花朵并不明显，接着，出现的可能是白色的花朵，慢慢地，地球上百花齐放，出现了一片片的姹紫嫣红。花朵颜色越来越丰富，这与动物的进化，特别是昆虫的进化是分不开的。一旦革命进行到一定程度，被子植物就表现出高度的适应性和多样性，以惊人的速度占领各个大陆。

这一时期，在北美洲的特提斯洋海滨，沉积了许多沙子、泥土和富含碳的颜色多样的泥土，这些泥土曾孕育过许多花朵。如今，在濒临大西洋的美国的马里兰州，在离华盛顿和巴尔迪摩不远的地方，发现了一处岩层，其中有被子植物的胚芽化石，里面的花粉和叶型完好地保存了下来。被子植物很快在多样性和适应性方面都超过了裸子植物，有 50 个完整的科挺过了白垩纪晚期，包括悬铃木、冬青、木兰、橡树和胡桃，还有桦树和赤杨。在白垩纪晚期，森林的形态已经和现代森林很相似了。这些不同地区的适应辐射似乎是在同时进行的，就像是大灭绝的“倒放”，达尔文认为这种现象“神奇得不可思议”。而没有森林的地区看上去却很奇怪，因为大多数草本植物还没有出现，虽然原始的锦葵、桃金娘、大戟属植物和荨麻等已经在这些地区扎根了。

为什么这些新物种会这么成功？这种演化的动力是什么？第一个问题比较好回答。被子植物的种子是包在子房里面的,而子房外面包裹的果肉为种子提供了充足的营养。这样，被子植物的繁殖速度就比裸子植物快得多。因此，被子植物就“赢在起跑线上”，在不同的环境中的存活率更高。以果实和花蜜为食的昆虫、鸟类和其他动物最终帮助植物传播了花粉，使植物的生存领域更加广泛。被动物吃掉的花蜜或果实，很容易通过光合作用而产生，因此植物付出的代价是很小的。可食用的种子和坚果是被子植物在演化过程中带给世界的另外两个礼物。被子植物具有的这些特点可以帮助我们回答第二个问题：全球环境在发生变化，对动植物产生了很大的压力，也成为促使它们演化的动力。

海草当家

被子植物具有强大的适应能力。在晚白垩纪，一些被子植物甚至把生存空间拓展到海洋中，它们就是海草。在浅海中到处可以见到它们的身影。它们甚至能够在咸水中生存，并且在水中进行授粉和传播种子从而成功地繁衍到今天。例如，在北大西洋和太平洋广泛分布着鳗草。而在加勒比海的水下，海龟草和海牛草形成了致密的“草地”，为底栖动物、甲壳类动物、鱼类、绿海龟、儒艮和海牛提供了独特的生存环境。

儒艮和海牛都是食草的海洋动物，都属于海牛目。根据目前发现的化石推断，最古老的海牛目动物出现于5000万年前，其演化路线与鲸目（鲸、海豚等）相近（第9章会讲到鲸目）。海牛目的学名是Sirenia，原意是希腊神话中的水妖。水手听了水妖极为动听的歌声，便不能自已，忘记了驾船，最终使船撞在礁石上，丢了性命。海牛的身体像个圆筒，在水草中穿梭时，还真像人在游泳，让经年累月在海上航行的水手们看到，不免激发了他们的想象力，就这样，美人鱼的神话形成了，并流传至今。

在晚白垩纪，海牛目还没有开始进化，但龟类已经开始了。例如，古巨龟，它可能是今天的绿海龟的祖先。我的同行，南安普敦大学的伊恩·哈定教授认为，螃蟹也是在这一时期出现的，虽然它们横行的步伐和大大的“钳子”看上去很不“现代”。许多新出现的双壳类和腹足动物把海草和红树的根当成安全的避风港，躲在珊瑚礁的洞穴和缝隙中也不错。在北非晚白垩纪岩石中发现了水椰（和红树类似的植物）花粉的化石，表明在特提斯洋南缘，红树是与海草一同进化的。一些体型小巧、颜色鲜艳的海螺在津津有味地吃着珊瑚藻或者红树叶，而其他海螺则是食肉动物，向比它们大得多的猎物进攻，并把它们消化掉。

另一种更大也更优雅的食肉动物在晚白垩纪发生了进化，并且在海草丛中称霸。这是一种不会飞的鸟——黄昏鸟，这种鸟有几近完整的骨骼化石保存下来。它的翅膀很小，不能飞行，但和船桨一样的大脚配合，很适合游泳。它的尖牙是向后长的，清楚地表明，它擅长捕捉滑不溜秋的小鱼。

值得关注的不只是水草，还有厚壳蛤与苔藓。它们形成的礁石是一道新的风景。在晚白垩纪一段较短的时间内，这种礁石完全超越了珊瑚和海藻形成的礁石。后两者在中生代95%的时间内都是非常成功的生物组合。厚壳蛤是一种简单的双壳纲动物，两片壳又硬又厚。它们紧紧地挤在一起，数量庞大，密密麻麻的，不仅相互粘在一起，而且还粘在另外一种体型较大的双壳类牡蛎身上，这种牡蛎也是晚白垩纪一种引人注目的动物。这种礁石是一种很吸引人的建材。古罗马时期就有人使用它们。我在西西里和希腊的凯法利尼亚岛工作的时候，曾到过古罗马时期的采石场，那里有许多厚壳蛤形成的石灰岩。当时，我和学生都很惊讶，居然有非珊瑚礁成因的海相石灰岩。

厚壳蛤和苔藓虫的成功显然得益于它们与海藻的共生。还有一种微生物在它们身上生活和繁殖。虽然很难找到这些生物共生的化石，但是可以根据现代珊瑚、巨蛤这些造礁生物的信息推断出这一点。因为它们不仅是主要的造礁生物，也是非常复杂的食物网中的最重要的初级生产者。微小的珊瑚虫只有和一种名为虫黄藻的单细胞腰鞭毛虫共生的时候，才能行使这种双重身份。在这种共生状态中，腰鞭毛虫的作用是进行光合作用。腰鞭毛虫排布在珊瑚虫的内壁上，每个腰鞭毛虫的大小只有 0.01 毫米，也就是说，每一平方厘米的珊瑚礁上有 100 万个腰鞭毛虫。腰鞭毛虫有了一个安全而温暖的家，珊瑚虫用刺细胞保护着它们，同时从它们那里获得更多营养。每只珊瑚虫都可以从海水中吸收碳酸钙，并把它们分泌到自身身体外面，形成坚硬的壳。

在壮观的现代生态中有一个严重的问题，那就是珊瑚白化。如果珊瑚礁非常健康，那么在礁石外面会布满薄薄的珊瑚虫和虫黄藻，它们通常会呈现粉红色、红色、绿色、黄色、棕色或紫色。但是，如果环境发生恶化，例如，由全球变暖引起海水增温或酸化，珊瑚虫就会驱赶和它们共生的虫黄藻，结果两种生物都会死亡。在这种情况下，珊瑚礁会变白。在收藏者眼中，这样也许更漂亮，但这样的珊瑚礁已经完全没有生机了。

在晚白垩纪，是否因为发生了同样的情况，导致珊瑚被厚壳蛤取代了呢？之后，厚壳蛤和它们的共生伙伴是否遇到了同样的情况？我认为是这样。如今，珊瑚礁面积只占据海底的 0.2%，但是养活着 25% 的海洋物种。我们猜想，特提斯洋中的珊瑚礁和厚壳蛤礁肩负着同样的使命。如果这种“生命的骨骼”遭到毁坏，那么整个生物界都会受到沉重打击。很难从化石记录中看出当时的环境压力对海草有多大影响，因为海草很难形成化石。

但是，可以肯定的是，多数珊瑚都在 K-Pg 界线之前一两千万年间死去了，可能只有一两种幸存。而厚壳蛤却大量繁殖，填补了珊瑚留下的空白。但在白垩纪的最后两百万年中，厚壳蛤的数量也以惊人的速度下降，最后只有一两种幸存下来。在海草和珊瑚礁中生活的腹足类动物，遭到了严重打击。非洲北部原有的腹足类都灭绝了，从格陵兰迁移来的适合冷水环境的腹足类取而代之。在欧洲地区，大多数腕足类动物早已适应了温暖的白垩海洋环境，在白垩纪行将结束时，数量出现了惊人的下降。它们很难适应正在发生的变化（图 7–1）。

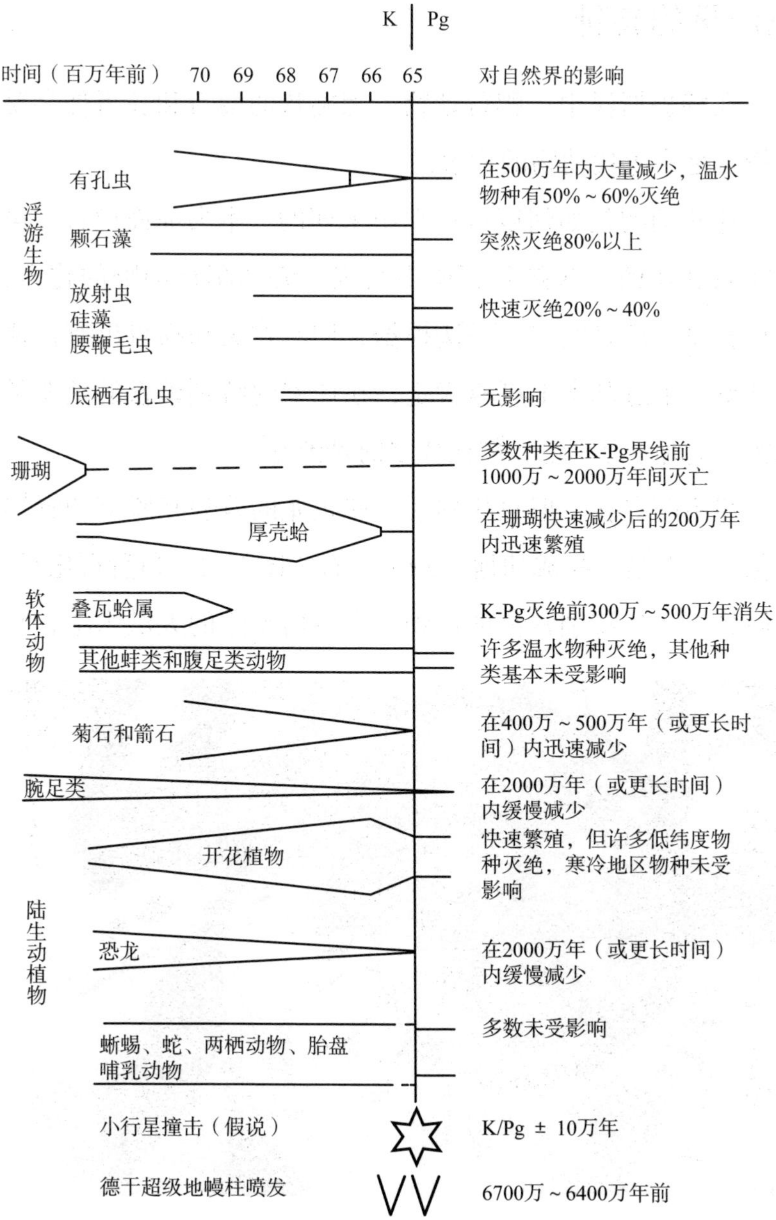

图7-1　在K-Pg界线之前灭绝的部分动植物

海洋里的警钟

在特提斯洋中，爬行动物、螺旋状的菊石和长得像乌贼的箭石是中生代动物的代表。

这些动物是如何度过白垩纪末期的？本书前面说过，虽然在叙利亚的一些磷灰石矿中发现了海洋爬行动物的化石，但化石总数还是太少，无法根据它们对相关动物得出有价值的结论。不过基本上可以肯定，在侏罗纪特别繁盛的鱼龙类动物，这时早已灭绝，取而代之的是沧龙。

我不断寻找，但只找到了一些鱼龙的残骸和脱节的脊椎骨化石。但是，我成功地找到了菊石（图 7–2）和箭石化石。它们是中生代特别常见的动物。在晚白垩纪的大洪水中，它

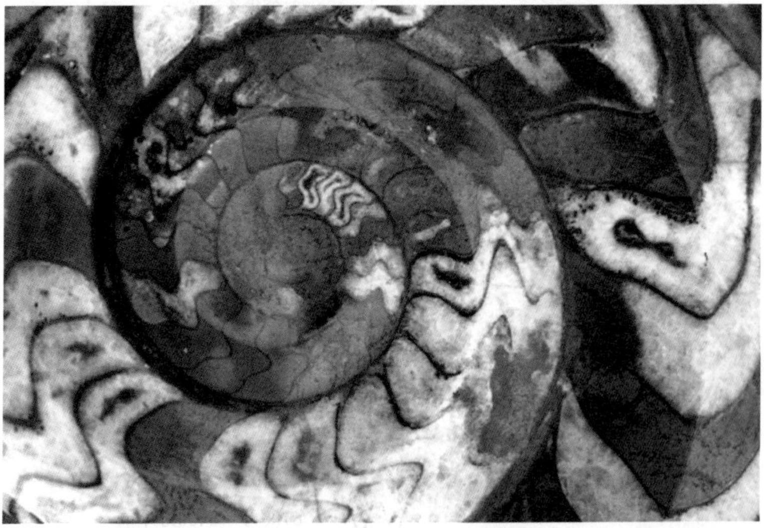

图7–2　一块菊石化石的照片细部。化石经切片并抛光。能看到螺旋和被缝合线（发暗部分）分隔的腔，以及形态复杂的碳酸钙。这种数量庞大的海洋生物未能在白垩纪—古近纪灭绝事件中幸存。取景宽度20厘米（克莱尔·阿什福德拍摄）

们的数量达到了顶峰。通过研究它们的化石，我们不仅能确定它们生存的时代，还能得知当时发生过什么事情。在西班牙北部海滨，苏马亚附近，有一套出露非常好的深海沉积物层序，含有菊石化石。苏马亚这个地方的海鲜和美酒非常合我的胃口，特别是产自加利西亚的阿尔巴利诺白葡萄酒，是我的最爱。更令人兴奋的是，沉积层记录了浊积物和锰结核的交替变化，这一变化跨越了 K-Pg 界线。这些沉积物反映了深海中的不同沉积过程：浊积物表示瞬时的流动事件，而锰结核表示沉积过程缓慢而稳定。在后一种环境中更可能发现化石。毫无疑问，菊石化石勾勒了一条在四五百万年间逐渐灭绝的动物的生存轨迹。最后的菊石化石是在白垩纪地层中发现的，距地层顶部有 12 米深。根据沉积物的平均沉积速度推断，这个菊石的生活时代在古生代结束前的十万年。这个地层不过是世界上许多地方发生过的故事的缩影。目前发现在白垩纪结束前 200 万年，有 20 种菊石，而在白垩纪结束时，仅剩 10 种。

在这两百万年中，菊石的体型也发生了神奇的变化。有几种菊石的螺旋部分甚至完全消失了，还有几种变得硕大，但还有几种却缩小了很多。这些变化是不是说明后来的生存环境很紧张？我觉得应该是这样。

最重要的变化，应该发生在食物链底部。不计其数的颗石藻和有孔虫的碳酸钙外壳堆积起来，形成了白垩岩，而硅藻和放射虫的硅质外壳则形成了燧石结核。苏马亚发现的地层再次提供了重要信息：有孔虫也在 K-Pg 界线之前开始了灭绝，虽然多数种类的有孔虫是突然消失的。

由于深海钻探计划（DSDP）以及后续项目的工作，我们现在已经有了 100 多份 K-Pg 界线的海底钻位资料。第 5 章说过，我在参与 DSDP 第 75 航次时，曾经钻探到 K-Pg 界线一个非常连续的地层。虽然钻出的沉积物似乎没有什么特殊之处，但船上的微体古生物学家经过艰苦工作，在其中发现了显微植物群和显微动物群化石。我们都急切地希望看到他们能尽快从沉积物中把化石分离出来。可是这项工作直到几个月后才在岸上完成。分离结果证实了他们的发现。这些化石表明，在某种程度上，有些物种在 K-Pg 界线是快速而分阶段地灭绝的，古近纪的动物群是渐进地取代白垩纪的。并不存在明晰的单个物种灭绝事件。

全球各地的情况都非常相似。随着钻探地点的分布越来越广泛，一些新的重要因素也变得显而易见。有一些地方，在短短的 10 万年内，物种就发生了剧烈的变化。暖水有孔虫灭亡了，冷水有孔虫就会迁移过来，填补它们的空白。颗石藻全部是生活在暖水中的，在这一时期，几乎全部灭绝了。海洋中最基础的食物链断裂了，结果是灾难性的。温度在这次生物灭绝中再次扮演了重要角色。

天外灾星？

就在我们试图探究中生代末期发生的那些事件的复杂性和不确定性（图 7–1）时，突然出现了一个与灾变有关的理论，这个理论对以前的资料积累和科学方法都产生了巨大的打击。这个理论并不像“超新星爆发”“太阳发出的紫外线突然增强”和“彗星 / 流星雨”那么令人耳目一新。这是个新的灾变说，于 20 世纪 70 年代晚期萌芽。1980 年，加利福尼亚州立大学伯克利分校的路易斯 · 阿瓦雷兹（译者注：物理学家，1968 年诺贝尔物理学奖获得者）和沃尔特·阿瓦雷兹父子正式提出。他们认为，在 6500 万年前，一颗巨大的小行星，直径有 10 千米，质量大约超过 400 万吨，以每小时 10 万千米的速度撞到了地球。巨大的冲击力、局部灾难、大火和洪水都在所难免，但是阿瓦雷兹等人认为，最可怕的并不是这些，而是撞击产生的尘土遮天蔽日，足足有好几个月。海中和陆上的植物无法进行光合作用，结果都灭亡了。恐龙和其他许多动物也未能幸免。

以上生物的悲惨命运，以及这么大的灾难，都基于意大利中部城市古比奥的发现，在这里的黏土层中发现了含量很高的铱，而这种元素常见于流星和地外星体中，即所谓“铱异常”。古比奥距离最后一只恐龙逡巡的中西部平原 8000 千米，位于特提斯洋海底很深的地方，这里沉积了很细的沉积物，含有许多浮游生物化石。阿瓦雷兹提出上述理论的时候，这里还没有发现可以支持他们理论的撞击坑或其他证据。

阿瓦雷兹的理论到底是幸运的发现还是无稽之谈？让我们进一步研究。恐龙是一种很特殊的动物，在通俗文学作品中，例如，亚瑟·柯南·道尔爵士（译者注:《福尔摩斯探案集》

的作者）的《消失的世界》中，它们喜欢成群活动。我小时候很喜欢看这本插图精美的书。风靡一时的大片《侏罗纪公园》更让大众对恐龙充满了好奇。人们自然而然地认为，真实的恐龙世界里一定也有许多惊人的故事，肯定是有什么大事件导致了这种巨兽的灭亡。科学家也很关心恐龙，虽然他们的看法可能完全相反。当阿瓦雷兹的理论见诸报端，科学家迅速分成两个阵营：挺小行星阵营和反小行星阵营。两个阵营都投入大量人力和财力论证或反驳这个理论，但并没有什么实质性的进展。两个阵营的人也都不愿意轻易改变自己的观点。

从这件事中可以学到什么？首先，人们都在寻找一个可能的撞击坑。后来在世界各地发现了许多撞击坑（还有更多的不是撞击坑），因此我们可以肯定，地球历史上，小行星撞击地球是很常见的。有些撞击事件恰好发生在物种灭绝时，因此，不能说大规模物种灭绝必然和撞击事件有关。最近，在墨西哥尤卡坦半岛上空的卫星拍摄的照片表明，在半岛和墨西哥湾附近，有一个直径 180 千米的环状构造，现在人们称其为希克苏鲁伯撞击坑，并且认为其形成于白垩纪—古近纪灭绝事件中。许多科学家认为它是由于剧烈撞击而形成的。如果事实果真如此，那么小行星应该落在特提斯洋的西部。其次，在地球上许多地区，在 K-Pg 界线附近发现了铱异常，同时这些地方也发现了高含量的石英微粒，这种石英称为冲击石英，被认为是经受剧烈冲撞过的地区的典型物质。

反小行星阵营做了大量工作研究铱的特性与富集状况。

现在人们已经知道，在火山喷发物中，例如，在夏威夷的玄武岩以及一些与热点或裂谷有关的熔岩流中，铱是很常见的。因此，铱的富集并不一定与地外天体有关。例如，50万平方千米的德干暗色岩，铱含量就比较高。它是在K-Pg界线事件之前，由喷出的大面积熔岩流形成的，它的成因和规模都和西伯利亚暗色岩差不多（稍小一些）。二者都被认为在二叠纪大灭绝中扮演了重要角色。

我也多多少少卷入了关于白垩纪—古近纪大灭绝的争论。因此，我决定到德干高原去看看。德干高原位于印度西部。它阶梯状的玄武岩给人留下了深刻的印象。放眼望去，高原上草木葱茏，喧闹的村庄外，阡陌纵横，一派迷人的田园风光。而在高原顶部，还能看到河流切出的深谷，冷却的熔岩柱子，一根接一根地排列着，一眼望不到尽头。乘坐飞机，也难以将火山喷发形成的德干高原的地貌尽收眼底。当年，在特提斯洋中部，火山轰鸣，火光冲天，上百万吨的火山灰弥散在空中，这肯定会促使铱的富集，在K-Pg界线的许多地方铱的含量很高，可能就是这样形成的。

那么，冲击石英又是怎么回事呢？反小行星阵营在这方面又做出了贡献。经过不懈研究，人们在南非的火山管中发现了细粒的冲击石英颗粒。这些地方也正是世界上钻石产量最高的地方。专家推测，冲击石英是极剧烈的深部火山喷发形成的。当年，在德干暗色岩的火山管深深地插入到地幔，冲击石英和火山灰、铱共同飞向天空。这一推测使许多反小行星阵营的人相信，恐龙灭绝是由超级火山喷发造成的。

在海水中也常常可以发现铱，微生物成因的石灰岩可以吸附铱，并且形成铱异常，在4.43亿年前的奥陶纪大灭绝之前，就正好出现过这样的铱异常。实际上，海水中能发现许多痕量金属元素，其中，有一些金属会富集在特定的沉积物中。例如，有些有机质含量较高的沉积物会吸附铜、镍、钒、钼和铀。痕量元素（包括铱元素）的富集，也可以通过化学反应形成。例如，石灰岩在深埋的情况下，处于高温高压环境中，发生部分溶解，会使铱富集。这种现象通常发生在石灰岩里的溶解黏土夹层中。

去伪求真

在小行星撞击理论出台不久，公众完全被这种灾变说吸引的时候，我来到意大利乌尔比诺大学，和我的老朋友，弗里斯·维泽进行合作。我们不仅研究了亚平宁山脉中部的白垩纪中期的黑页岩（见第5章），也研究了跨越K-Pg界线的上覆岩层。该岩层分为几个地层，完全出露。其中有个地层通向古比奥，也就是沃尔特·阿瓦雷兹发现铱异常的地方。他当时是偕家人来这里度假的。一个地质学家，站在这样的地层旁边，如同回到了亿万年前的地球，见证着一个时代的结束。从同行们的表情，我可以看出他们的激动之情，也能理解眼前的景象对阿瓦雷兹造成的震撼。

我来乌尔比诺大学还有一个重要目的，就是研究特提斯洋深海海底沉积物的性质。特提斯洋深海海底非常平静，生物（主要是颗石藻和有孔虫）的外壳碎片从海面的浮游生物大舞台上不断落下，并和多种物质混合——被河水带入海洋的粉砂和黏土，随风飘入大海的沙漠中的沙子，还有缓慢降入海中的火山灰。这种混合物的沉积速度极端缓慢，大约是每一千年几厘米。在这里，我还发现了一股比较稀的浊流曾经快速注入，或者是其他洋流曾经冲刷过这里，而以前的研究都没有发现这点。沉积物表现出明显的周期性，有时浮游生物的外壳碎片居多，而有时黏土和火山灰居多，经过深埋和溶解以后，最终形成坚硬的粉红色石灰条带与较薄的暗红棕色的黏土夹层的混合地层。这是典型的深水远洋灰岩地层。

因此，我对弗里斯的论断并不感到奇怪。他先前的地球化学研究表明，痕量元素（包括铱元素）的富集，在溶蚀缝中是很常见的，并不仅仅发生在 K-Pg 界线上。

我决定到学校图书馆查阅文献。各种学术著作和资料整整齐齐地摆放在书架上，其中就有 DSDP 及其后续项目的所有资料。这些资料卷帙浩繁，所以通常放在地下室。DSDP 最初 96 个航次的资料封皮是蓝绿色的，好像在提醒人们，它们和海洋有很深的渊源。每本资料的重量有现在的普通笔记本电脑的两倍。后来的资料封皮变成了蓝紫色。而最近，这些体积庞大的资料已经变成 CD-ROM 了，只有一本书的封面那么大，这就是技术的进步啊！我重新翻阅了我们在第 75 航次，也就是在南大西洋跨越 K-Pg 界线（当年不过是特提斯洋中的一个狭窄海湾）时的工作。有几个相关问题吸引了我。

首先是生物扰动的问题。某些动物出于觅食、躲藏或休息的需要，而在沉积物中进食、排泄、打洞，这样就影响了原先层次清晰的沉积物，并且改变了一些微体化石与 K-Pg 界线的位置关系。洋流对海底的冲刷也能导致同样的结果。

其次，如果海水的化学活性较强，则化石可能全部或部分溶解。这种情况发生在动物遗骸深埋之后，例如，意大利的深水远洋灰岩。但也有可能发生在洋盆的深处。在全球范围内，由于海洋环流（见第 6 章）的结果，深海的二氧化碳含量比海面高，因此，酸性较强。当浮游动物的外壳碎片向海洋深处沉降时，会遇到一个称为“碳酸盐补偿深度”（calcite compensation depth，CCD）的界面。钙质碎片会迅速溶解在这个酸性的界面中，几乎一点儿都无法到达海底。

我还想提出第三个问题，这个问题在第 75 航次并没有遇到，但是在陆地上，在穿越 K-Pg 界线的许多断面上都有表现。这就是地层缺失的问题，即地层记录由于侵蚀作用等原因发生明显中断。发生这种情况后，本应该逐步过渡的地层记录会出现跳跃。不过这是很常见的。因此我们在解释地质记录时必须记住这个问题。

我记得，在第 75 航次中，通过对跨 K-Pg 界线微体古生物化石的研究，我的微体古生物学同行发现，“保存完好与保存不好的化石分层交替出现，并且古近纪的生物化石逐步取代了白垩纪的化石”。我自己对相应沉积物的研究进一步表明，它们是正常的深海沉积岩套，含有连续的沉积物（沉积速度缓慢），曾受到掘穴动物的生物扰动，沉积物中还含有一些微体古生物外壳的溶解成分，说明沉积环境中有 CCD。

到底发生了什么？

有时候，我可能是个“逆潮流而动”的科学家。当年，地质学界的门户之争很严重，多数人紧抱一种理论不放，在这种情况下，关于恐龙灭绝原因的争论，陷入了僵局，我对此深感吃惊和失望。记得有人在看过我写的一本书后，指责我是“唯一不相信小行星碰撞理论的地质学家”。

坦白地说，要解释中生代晚期到底发生了什么，我们必须慎之又慎。因为用现在的技术确定这个时期地质事件的发生时间，误差可能有 70 万年，最小也超过 1 万年。另外，前文提到的各种因素也不可避免地影响了已有数据的准确性。但是，我们可以从大量信息中得出合理的结论，这些信息是世界各地的许多科学家收集的。

说到天体碰撞理论，虽然其拥护者做了很大的努力，但始终拿不出有力的证据。他们曾经认为希克苏鲁伯大坑是天体碰撞的结果，但后来研究发现，此处很可能是剧烈的火山喷发造成的，只不过具体形成年代还无法确定。天体碰撞拥护者认为，铱异常、冲击石英（还有锇同位素比例异常以及全球灰尘）都是天体碰撞的结果，实际上，这些现象都可以用与地球自身有关的理论解释。再说德干暗色岩超级火山，我们无法否定其存在和规模，而且测年结果表明，其喷发时间紧邻在 K-Pg 界线事件之前。这是 2009 年我在德国不来梅参加一次国际会议时，从巴黎大学的地球物理学教授万森·库尔提欧那里了解到的，是他的最新研究成果。万森教授认为，德干超级地幔柱事件的规模比以前认为的要大好几倍，并且是好几次独立事件的组合，这些事件均发生在距今 6750 万 ~ 6450 万年前，跨度为 300 万年。

然而，以上这些灾变理论都难以很好地解释物种灭绝的事实。有些生物是缓慢减少，直至完全灭绝的，有些生物的灭绝速度则快得多，但并不是在瞬间发生的（图 7–1）。但是多数植物和动物基本上没有受到影响。例如，多数陆生植物都存活了下来。多数软体动物、鲨鱼、硬骨鱼、胎盘哺乳动物和所有两栖动物也基本上没有受到伤害。

我认为，有大量证据表明物种灭绝是多种因素共同作用的结果。在二叠纪晚期的物种大灭绝（第 3 章）中，有大量岩浆从地下喷出，其规模和持续时间足可以影响整个地球，并且给某些生物带来极大压力。而极高的海平面和全球温暖的气候使晚白垩纪的地球显得非常平静。浮游动物的外壳和白垩岩中的碳都转移到海底，导致海水（和大气）中的二氧化碳含量降低，这显著地影响了海洋中的化学平衡。后来，海平面下降，全球气温也急剧下降。根据对浮游生物外壳化石中氧同位素的研究可以得到这个结论。我们对这一时期的持续研究表明，温度变化对不同的生物确实产生了很大的影响。滨海生境的消失以及陆桥的开放，都给疾病传播创造了条件。

因此，我们自然会得到如下结论：白垩纪—古近纪灭绝事件是多种因素共同作用的结果，这些因素引发了极端的生物压力。这些变化发生在一段较短的时间内，但绝不是瞬间就完成的。在全球范围内，食物链底端发生了很大变化，或受到了极大影响——在陆地上，被子植物和裸子植物展开了激烈竞争；在浅海，珊瑚礁数量下降，厚壳蛤礁数量上升；作为初级生产者的浮游植物也发生了很大变化。这些变化对某些生物来说简直就是灭顶之灾，但对另一些生物来说，却是千载难逢的良机。在漫长的生命历史中，以上变化只不过是非常普通的一幕。

第 8 章

特提斯洋水道的“肖像”

白衣飘飘，宛若花瓶中带刺的花，
手指轻柔，仿佛冰冷的月光摇曳。
她像透明的毒水母，
又像致命的一角鲸。
她就是冷酷的海蛞蝓，
人们称她西班牙舞娘。
这身上缀满玫瑰花瓣的妙龄少女，
血红的眼睛摄人心魄。

——阿亚拉·金斯利《水中舞娘》

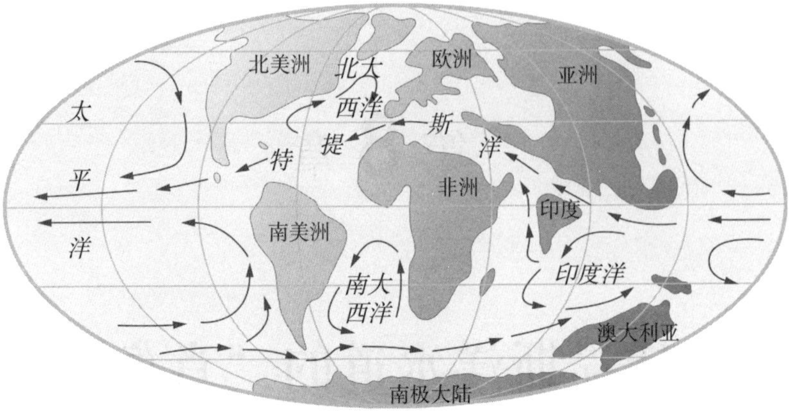

中始新世特提斯洋图（4500万年前）。图中还绘有全球洋流。能够看到特提斯洋大大变窄。与此同时，南、北大西洋和印度洋面积显著变大，重要性也增强了

时光流逝，万物有荣枯。特提斯洋由一条穿越泛大陆的狭窄的裂缝变成了环绕世界的浩淼的海洋。她曾经是一片丰饶之海，是那样温暖、平和，但是，谁都有谢幕的时候。中生代结束了，新生代开始了。在新生代，特提斯洋越来越小，当印度与东亚连接在一起，中东与俄罗斯连接在一起，非洲与欧洲相互挤压，特提斯洋变成了一条狭窄的水道。但是，她可不愿意毫不抵抗就退出历史舞台。此时，一座新的山脉正在形成，不过这是下一章的内容。

地球上将出现一个完全不同的海洋世界。一开始，它和现代海洋完全不同，渐渐地，才变成现在的样子。巨大的贝类在浅海里闪闪发光，与它们相伴而生的是一种单细胞动物，有一个小小的茶托那么大。狭窄的峡谷切开了海下的山坡，寂静的水流冲刷着大洋深处。在南欧和北非发现了一些鲸类

化石，这些化石讲述了一个神奇的故事。说到鲸，读者可能觉得平淡无奇，但是化石表明，这种优雅的海洋动物是由陆生动物演化而来的，祖先和今天的棕鬣狗很相似。

白垩纪—古近纪大灭绝之后，生物界并没有马上恢复过来，因为全球环境遭受的打击几乎是致命的。很难确定恢复期到底有多长，也许是100万～500万年。但具体的物种各不相同。浮游生物损失惨重，只有少数几种颗石藻和体型较小的有孔虫活到了新生代。而硅藻和腰鞭毛虫却没有受到太大冲击，它们发生了分化，作为初级生产者，充满了海洋。其他大量幸存的动物包括双壳类、海螺、蟹、海胆、苔藓虫和硬骨鱼，它们在生态环境中占据了优势地位，并很快以新的形态成为新的生境的一部分。例如，像饼干大小的沙钱，是唯一一种能在沙滩上掘洞的海胆。而现代珊瑚从厚壳蛤手上夺走了“首席造礁师”的称号，不过其种类多样性已经不如以前了。

因此，毫无疑问，特提斯洋的海水含有以上新生物生长所需的各种物质。包括丰富的营养和各种矿物质。海水富含氧气，水面阳光照射非常充足。而水温呢，虽说各处稍有不同，但比陆地高得多。然而，虽然条件优良，但是特提斯洋中的生物是生活在一个不断变化和演化的环境中的。它们会遇到各种困难和激烈的竞争。所有生物，从单细胞的浮游生物到食物链顶端的巨兽，都必须学会如何生存，如何跟踪或躲避阳光，如何忍受极高或极低的温度，如何利用溶解氧、盐分和悬浮的沉积物，如何应对多变的洋流、潮汐以及营养供应。

为了适应艰苦的海洋环境，生物表现出惊人的适应能力。它们的各种变化和创造令人叹为观止。但是每种生物都有自己的“舒适区”，在这个范围之外，生物就会感到很难受，正常的新陈代谢也可能停止，繁殖也变得很困难，甚至变得不可能。最后，生物难以忍受环境变化，死亡就不可避免。在新生代之前和新生代期间，这种情况不断出现在特提斯洋中。每一次灭绝和新的物种适应辐射都使海洋生物的特性和今天的情况越来越像。

沙漠里的硬币

几年前，埃及开罗的一个公司邀请我前去进行授课，内容是深海沉积物的研究。收到邀请，我十分欣喜。北非现在实际上是一个独特而迷人的地方。特别是埃及，旅游业非常发达，神秘的金字塔吸引着众多游客。其实，在北非的大片沙漠下面，还藏着一个同样神秘的古生物世界。腓尼基人、古希腊人、伊特拉斯坎人和罗马人都曾经在北非沿海生活、贸易，而再往前，北非曾经毗邻特提斯洋南缘，随着全球海平面的涨落，北非时而变成陆地，时而变成大海。因此，在这片土地下面，埋藏着许多远古的秘密。

来到埃及，雪莱的名句总是萦绕在耳边：“我是奥斯曼狄斯，万王之王！我的千秋武功，无人能及！”（译者注：奥斯曼狄斯是公元前 13 世纪古埃及国王拉美西斯二世的陵墓的名字。拉美西斯二世和邻国进行过数次战争，以武功闻名）同时我一直幻想着能看到特提斯洋留下的蛛丝马迹，这一切，那位万王之王当然不可能知道。在讲课期间，从饭店窗户向外望去，能看到两座宏伟的金字塔。当时埃及的形势很混乱，但这两座金字塔似乎一点儿也不受影响，还是和几千年前一样庄严。当我参观吉萨金字塔和狮身人面像时，我特别仔细地观察了它们的石材，它们是从一种名为硬币虫灰岩的岩石上凿下来的，大约在四五千万年前，这种岩石从特提斯洋里沉积下来，最终形成了吉萨高原。

硬币虫是一种很小的、碟状的古生物，直径数毫米至数厘米不等。如果环境适合，化石外壳上的螺线能完好地保存下来，但多数化石经过了风化，外壳变得很光滑。希腊历史学家和哲学家希罗多德在公元前 5 世纪游历埃及的时候见到了硬币虫化石，他认为这种东西是当年建造金字塔的奴隶食用的小扁豆变成的——有一些装扁豆的袋子破了，扁豆撒在地上，在灼热的阳光下，很快变成了石头。现在，贝都因人（译者注：在阿拉伯半岛和北非沙漠地区从事游牧的阿拉伯人）把这种化石称作“沙漠里的美元”，其实这种化石从石灰岩上风化剥落后，在沙漠中随处可见，一文不值。但在古生物学家看来，这种化石实在令人惊讶，因为它们其实是一种最大的单细胞有孔虫，它们碟状的外壳是由特提斯洋中的碳酸钙构成的。它们是底栖生物，和前一个时期以颗石藻为生的更小的浮游生物完全不同。在温暖的浅海中，它们有时像地毯一样在海底蔓延，最终形成了如今的化石。

在整个北非和中东都能看到硬币虫灰岩。我以前的一个博士生哈米德·艾维发利研究了硬币虫灰岩在利比亚东部昔兰尼加的出露情况，希望以此推断这种灰岩在地下的分布特征。因为这种岩石能形成重要的油气藏。此外，这种岩石的结构多孔，因此能形成良好的储水层。在干旱的北非和中东，这无疑是非常诱人的。在南欧和中亚，也能看到这种灰岩，在 20 多米高的白色悬崖上，它们有时会闪着耀眼的光芒。而这些地方曾经是特提斯洋的南缘。

在黑海的克里米亚半岛，我考察了一处山谷，山谷两侧是硬币虫灰岩形成的悬崖。在强烈的日光下，悬崖中的石灰质熠熠生辉。这些石灰就像胶水一样牢牢地把一个个硬币虫“粘”在一起。我的向导，也是我的同行，莫斯科国立大学的罗兰索伯洛夫教授，兴高采烈地告诉我，眼前的悬崖就是克里米亚战争时期的“死亡之谷”的入口，在著名的“轻骑兵的冲锋”战役中，英军莽撞地进入了这处山谷，结果遭到惨败。

真是见证过历史的硬币虫啊！其实，硬币虫是一种非常成功的生物，在始新世中期，它们的黄金时期延续了大约 1500 万年。那时气候相当温暖。不过这段时间不算长，在这期间，特提斯洋海平面很高，海水再次漫延到北欧，并且穿过撒哈拉海道，到达尼日利亚，与日益宽广的南大西洋亲密接触，就像在晚白垩纪那样（第 7 章）。现在还不清楚为什么始新世的全球气温会突然升高，不过有不少科学家正在仔细研究这个问题。

鲸鱼谷

在开罗授课结束以后，我和这次活动的主人，也是我以前的博士生，梅丽莎·约翰松博士，终于可以放松一下了。现在最好远离城市的喧嚣、灰尘和污浊的空气。我们雇了一艘三桅小帆船，准备去沙漠里考察一番。帆船驶入了尼罗河，夜色笼罩着金字塔和城市，显得那么迷人，再加上美酒、奶酪和橄榄，让人心情无比舒畅。

不过我根本不知道在随后几天会看到什么。我们首先参观了一座腓尼基古城，它位于孟菲斯和法尤姆之间，曾经被罗马人占领，后来几乎完全被沙漠掩埋。在城市的街道上，到处可见罗马人丢弃的陶罐，就像在开罗，街道上都是塑料袋一样。法尤姆郊外的山形成于始新世，半山腰有一座神庙，也是用硬币虫灰岩建造的。历史上，古埃及人在这里引导尼罗河改变流向，使其淹没了整个山谷，之后在山坡上耕种。因此,神庙的脚下就变成了湖泊。神庙旁边有一条肮脏的公路，通向沙漠。路边全是巨砾——这有什么奇怪的？实际上，这些巨砾是5000万年前的树木的化石。那时,时常淹没法尤姆的,不是尼罗河，而是特提斯洋。再往山上走，能看到大片远古的森林，当然，它们已经变成化石了。地上到处都是硬币虫化石。

这一切都给我们留下了深刻印象。不过，更引人入胜的是下一站——鲸鱼谷，此处在开罗西南 250 千米，是新晋的世界文化遗产。参观途中，我激动得一句话都说不出来。划定的景点只有几平方千米，但我不知道，它们往远延伸到山那边到底有多远，也不知道向下深入到沙漠以下到底有多深。这里的地层年龄有 4500 万年，遍布化石，其中有一些保存得非常完好。世界上仅有两个地方发现了保存完好的鲸目和原鲸目化石，这里就是一处（另一处在巴基斯坦）。这为科学家研究鲸类动物的演化以及它们与其他动物的关系提供了良好的依据。

目前，此处已发现 15 种鲸类化石，有些长达 10 余米。化石直接放在地上，没有什么保护措施（图 8-1），顶多用绳子围起来。这里还发现了龟、儒艮、海牛、小鱼、鲨鱼牙齿以及其他脊椎动物的化石。多数化石分布在同一地层，但在较高的地层里，还发现了红树林和海草的化石。因此我们得到一个重要信息：早期的鲸是近岸动物，常常在浅海和海岸线附近生活和捕食。早期的鲸也是现代齿鲸（海豚和虎鲸等）的祖先，主要以鱼和甲壳类动物为食。而须鲸出现得很晚。

根据在埃及、巴基斯坦以及特提斯洋沿岸其他地方发现的这些鲸化石，很可能找到鲸的祖先。在 K-Pg 界线，当恐龙从陆地上消失，海洋爬行动物从海洋里消失的时候，生物界留下了巨大的空白，需要其他物种来填充。哺乳动物发生了一系列大爆发，陆地上的生物种类在短时间内暴增。实际上，哺乳动物从中生代开始就在为这一天做准备。而在海洋中，却没有这么快速的物种爆发。值得一提的是，硬骨鱼变得越来越大、越来越凶猛，从而跻身食物链前列，能够和它们的远祖——鲨鱼——分庭抗礼。

图8-1　埃及鲸鱼谷的鲸类化石（脊椎骨和肋骨）。形成于始新世沉积层中。骨架宽度约3米，脊椎骨直径可达40厘米（摄影：埃里克）

哺乳动物用了很长时间才重返大海，但无论如何，毕竟是回去了。第一批大量繁殖的哺乳动物中，有一些特别怪异，长得极像刚刚灭绝的恐龙。还有巨大的以树冠上的树叶为食的巨犀，它们代替了欧洲的蜥脚类动物。在非洲，也有一种巨大的长角的食草动物，名为重脚兽，长得很像三角龙。重脚兽化石是在撒哈拉沙漠中发现的，其形成略早于鲸鱼谷的鲸类化石，得名于古埃及女王阿尔西诺伊。但是，鲸类的真正祖先应该是一种长得像大鬣狗的动物——厚中兽。科学家认为，厚中兽通常在滨海活动，是一种食腐动物，很像现在非洲南部的棕鬣狗。有化石表明，厚中兽经历了几次演化，有时是渐进式的，有时是快速的，先演化成既能涉水也能行走的“鲸”，再演化到能够游泳，最后身体变成流线型，用尾部游泳，终于变成了完全的海洋哺乳动物。真正的鲸就这样形成了。

须鲸与回声定位

现在我要跟随鲸类动物和特提斯洋的演化路线走出埃及。鲸是非常美丽和聪明的动物，几乎是和我们的灵长类祖先同时开始进化的，但进化方向完全不同。在美国马里兰州的卡尔弗特附近，我研究了一些比较年轻的岩石，其中有许多海洋哺乳动物化石，包括齿鲸、早期的海豚、须鲸和原始的鳍足类动物（海豹和海狮等）。它们都是新近纪（中新世）的动物，是 2000 万年前海洋哺乳动物演化的缩影。在这一时期，特提斯洋显著变小。由于气候变冷和海洋温度降低，以及特提斯洋的逐渐闭合，导致极地的寒冷水体急剧增加，而河口与河流中的淡水生物也增加了，新的食物类型，例如，浮游生物，也增加了。

如今，在以浮游生物为食的动物中，巨大的须鲸可能是最完美的了。例如，蓝鲸，地球上最大的动物，每天要吃掉 4 吨浮游生物，其中最主要的是磷虾。磷虾是一种体型极小的浮游动物，主要吃浮游植物。蓝鲸在进食的时候，会张开巨大的嘴巴，吞掉它面前的任何东西。它嘴里长的不是牙齿，而是鲸须。鲸须是由角蛋白（一种坚韧的蛋白质，在哺乳动物的毛发和指甲中都有）组成的，非常密集，就像网一样。当蓝鲸的大嘴里充满了食物和水，它就会闭住嘴，并且把水通过鲸须的“网眼”排出来,再把困在嘴里的磷虾吞下去。座头鲸是另一种须鲸，当它发现聚集的浮游生物时，就从它们的下面慢慢往上游，并吐出大量气泡，这些气泡连在一起，能够像网一样把磷虾等猎物困住。现在还不清楚中新世的鲸类是否掌握了“泡泡捕猎法”，但可以肯定的是，鲸须过滤法是在中新世出现的。

把声音作为工具或者武器，也是在中新世开始的。在现代海洋中，鲸类和海豚都会用声音进行交流。例如，座头鲸在游向极地捕猎或离开极地时，都会发出优美的声音，就像唱歌一样，关于这一现象，已经有大量记录和研究。有人认为，它们是在传递信息。而海豚能够发出高频声音，有些是人类可以听见的，就像敲击硬物的声音，还有些海豚能发出100 千赫以上的超声波，然后接收回声。据此，它们可以勾勒出水下物体的清晰轮廓——包括远近、方向、大小、形状，甚至质地和密度。例如，是哪一种鱼，它们的运动状态如何。敲击声是从海豚宽广的前额发出的，可能是通过不断压缩空气产生的。而接收回声主要依靠头部和下颚。下颚不对称，这样能更好地接收回声。海豚脑中有一个巨大的脑叶，能处理复杂的声音信号。以上都是现代鲸类和海豚的特征。然而，我们在一种古老的类似海豚的生物身上也发现了这些特征，这种生物名为肯氏海豚，其化石发现于马里兰州。它的头颅的下半部特别对称，具有简单的回声定位能力。现代海豚、鼠海豚、虎鲸、白鲸和一角鲸都是这种生物的后代。

全球变化与海洋环流

地质学家的任务之一，就是找出物种爆发和灭绝的根本原因。这些原因或是几种共同作用的因素,或是一组因果系列。有必要说明的是，至少就我所知，科学界认为，在物种灭绝过程中,也许存在一些引发剧变的因素,但在物种爆发过程中,这种因素是不存在的。前文几乎没有探讨物种变化与爆发（由此一步一步地变成了现在我们眼里的生物界）的规模。后面我会探讨一下这个问题。但是，首先我想谈谈地质、地理和气候条件对生物进化的影响。

地球上的板块一直在运动，就和以前一样，但板块开始重组，变得很像现在的地球。各大洲轮廓也和现在相像了，并且向现在的位置移动，各大洋也在不断改变面积和轮廓。就像我一开始说的，特提斯洋在变小，因为印度次大陆在向北运动，逐步逼近中亚和东亚；中东在向俄罗斯运动；非洲在向欧洲运动。特提斯洋壳迅速下降,其北缘滑入邻近的海沟中。结果，曾经面积广大的特提斯洋变得非常狭窄，变成了大洲之间的一条海道，和印度、欧洲通过极窄的水域连接着。而在其深部，仍然表现得像一个大洋。当海平面比较高的时候，特提斯洋向陆地蔓延（古近纪中期），但持续时间不长。非洲西北部向西班牙方向运动，导致特提斯洋中部和西部之间只有狭窄的水域相连，从而形成了直布罗陀海峡。下一章会重点讲述这一内容。

在多数有关板块构造的研究中，往往把西特提斯洋称为中大西洋。实际上，南大西洋当时刚刚开始变宽，而北大西洋正处于萌芽阶段，刚刚打开。大西洋中脊的一部分向西北延伸至格陵兰和加拿大之间，并开始扩张，形成了拉布拉多海；另一部分向东北延伸至苏格兰和挪威、芬兰之间。后者最终胜利了，因此如今的北大西洋在慢慢打开。在它的最北端，洋中脊一直在延伸，最终与北冰洋连在一起。

在 K-Pg 界线上，德干超级地幔柱形成，在赤道附近的特提斯洋发生了剧烈的火山喷发。数百万年以后，格陵兰与欧洲的相向运动，孕育了另一个大型的地幔柱。今天，从这个年轻的北大西洋地幔柱中喷出的岩浆，覆盖了以冰岛为中心的大片区域，从格陵兰到法罗群岛，再到苏格兰，都能看到。北爱尔兰的巨人堤道（玄武岩阶梯）和苏格兰斯塔法小岛上的芬戈尔洞，这些自然奇观都是这个地幔柱的杰作。

在 3600 万年前（始新世末期），澳大利亚从南极大陆分离出来，标志着这幅美妙拼图的最后一块马上要就位了。南极大陆仍然孤零零地留在南极点附近，而澳大利亚向北漂去。

因为板块移动极端缓慢，所以很难确定我们是否又处于地球历史上的一个分界点，这一分界点界定了诸板块和海洋，其布局完全符合接下来发生的变化。但是，3600 万年前的信息我们也许只能获得这么多。正是在这一时刻，全球洋流从绕着赤道运动变成在地球两极之间运动（图 8–2）。过去，在赤道附近，宽广的特提斯洋中曾经流动着温暖的海水（第 5 章和第 6 章可以证明），但现在，暖水不再占据优势了。在南极形成大量冷水，在漫长的冬季，海中和陆上都出现了冰川。用中生代的标准衡量，南极的水是非常寒冷的，因此密度很大，会沉入海底，并向北运动，进入其他洋盆。

研究这一时期的氧同位素变化（从深海生物化石的外壳中得到）可以发现，在 10 万年内，海底的温度竟然下降了 5℃。从地质年代的角度看，变化之剧烈，令人惊讶。如果我是个灾变论者，看到这些数据，我肯定会说，一定是有一颗由冰块组成的彗星冲进了海洋！可惜我不信这一套。我会认为，全球海洋温度到达了某个临界点，海洋中出现了一个“冷海区”，全球气候变得很不稳定，下一个冰期就要到了。

这一时期，北冰洋和正在扩张的北大西洋表面的海水已经联通，但海底冰冷的海水由于某道屏障的阻隔还无法进行交换。这就是因热点活动和玄武岩浆喷发而形成的格陵兰—冰岛—苏格兰洋中脊。这段洋中脊完全位于海面以下（例如，冰岛，直到 1600 万年前才露出海面），但仍然有效地阻隔了海底的水体运动。直到 3000 万年前，才出现了缺口，使冷水能够从北部高纬度海域流向冷海区，全球气温进一步下降（图 8–3）。

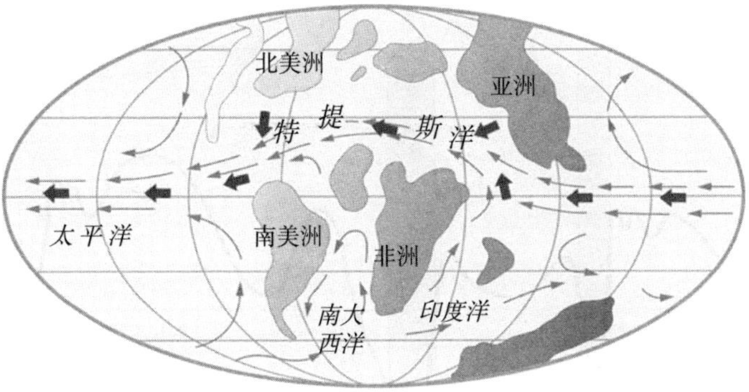

8000万年前

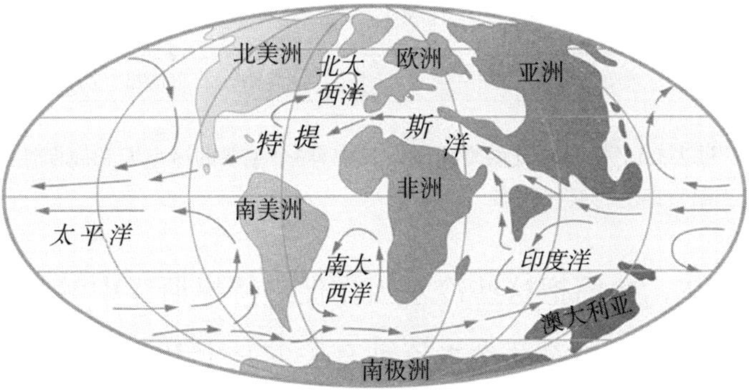

4500万年前

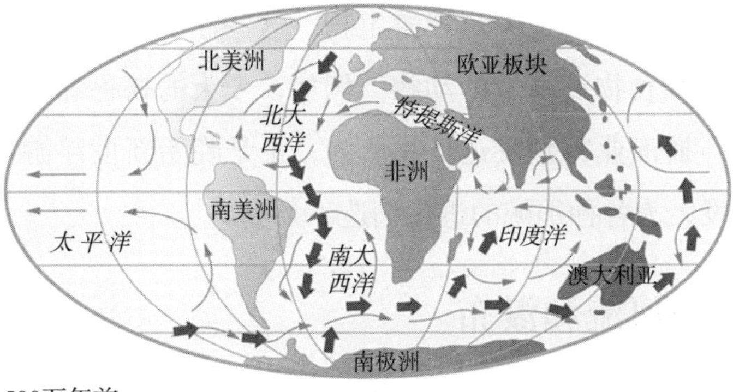

1500万年前

图8-2 不同时期特提斯洋中的洋流变化。细箭头表示海面洋流，粗箭头表示海底洋流。8000万年前，占优势的是纬向洋流和温暖的海底洋流。1500万年前，占优势的是经向洋流和寒冷的海底洋流。4500万年前处于以上两种状况的过渡阶段

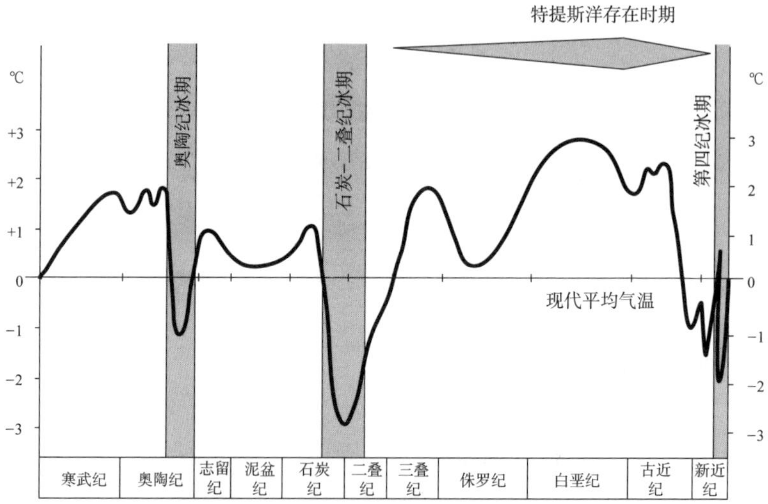

图8−3　过去5.5亿年全球气温变化图。其中有3个主要的冰室期和周期性的冰期。地球处于温室期的时候比较多

记住，我们把这些冷水当作促进特提斯洋中鲸类大爆发的重要因素。和深部冷水流动有关的是上升流，特别是在今天的海洋与各大洲西部接触的区域。前面说过，这些上升流富含营养，养育了大量浮游生物，这些浮游生物又养育了大量鱼类和食物链高端的动物。例如，今天的秘鲁和纳米比亚海域，捕渔业特别发达。我认为，正是晚始新世浮游生物的大爆发，为各种须鲸的进化创造了条件。

海中的河流和瀑布

从我读博士开始，我就特别关注深海洋流的研究进展。当时我的导师，戴尔豪斯大学的大卫·培波鼓励我研究深海洋流在加拿大西部大陆坡留下的沉积物的痕迹。那是我第一次知道看似平静的深海中实际上暗流汹涌。在那里，大量江河在不受拘束地穿行，洋流在不停地流动，瀑布在无声无息地倾泻。甚至还有能够持续数周的“风暴”。这一切深深吸引了我这个博士生，我贪婪地学习着有关知识。最近，我们发现了古洋流在特提斯洋中留下的标志性沉积物。所以，首先我要介绍一下现代的深海洋流，再介绍特提斯洋中的古洋流。

和陆地一样，海底地形也是变化多端的。较大的海洋被巨大的海底山脉分隔成几个海盆，这些海盆的深度差别很大。海底的高密度水体是在高纬度的冷水区形成的，由于受到地形阻碍，不断聚集，直至从“河道”中溢出。河道通常很狭窄、曲折，就像陆地上，高山上的羊肠小路一样。水体变窄，因此，速度加快。这种海底洋流的冲击力很强，能把松散的沉积物冲走，甚至可以冲蚀岩石。

当这种高速洋流流入洋盆的时候，高密度的海水就沿着斜坡下降，并向四周扩展。我们称其为海底瀑布。它们流经的地方，通常坡度较缓，因此和陆地上的急流差不多，但落差和能量都很大。最壮观的海底瀑布位于丹麦海峡下方的格陵兰—冰岛洋中脊，它每秒钟泻入北大西洋海盆的水量有500万立方米，形成了巨大的涡流和湍流。但这一切发生在如此之深的地方，陆地上的人们是察觉不到的。这个瀑布的落差超过3.5千米，使所有陆地上的瀑布相形见绌（陆地上落差最大的瀑布是委内瑞拉的安赫尔瀑布，落差不到1千米）。位于巴拉圭和巴西边界的伊瓜苏瀑布，每秒钟流量为13 000

立方米，比尼亚加拉大瀑布还要大，可这个数字不到海底瀑布的四百分之一。

直到最近，人们才意识到底流的强大力量。一旦它们进入洋盆，在地球自转和科里奥利力的作用下，会变成能量很大的底流，并且冲击海洋的西缘。它们被称为西部边界潜流，会顺着全球传送带流动，从而影响深海的化学物质、热量和营养元素。这些潜流可以流动数千千米远，能把大量细粒沉积物和多种化学物质带往远方。沉积物会形成长长的“土堆”，称为等深流沉积物，它们的表面会出现规则的波浪形。等深流沉积物会在原地堆积 2000 万年，最终可厚达数百米，覆盖面积差不多和古巴这些国家一样大。

近些年，我们搜集了许多海底河流和等深流沉积物的数据。即使气候变化很微小，洋流的速度也会随之变化，虽然机制很复杂。这是因为，冷水多是在气温不太高也不太低的时候（如现代环境），在北半球高纬度地区形成的。在过去冰川极盛期，极端寒冷的情况下，产生的冷水要少些，因为它们变成了冰。而在气候变暖的情况下，深水环流会渐渐停止运动。这些变化，又影响了沉积物的状态，如果速度较快，沉积物颗粒就较粗；如果速度较慢，颗粒就较细。通过在厚厚的等深流沉积物（潜流成因）中钻探取样，我们能够得到过去的气候变化记录。我最近和南安普敦大学的谢尔登·培根博士、伊尔克·罗林教授合作，以格陵兰岛南端的埃里克等深流沉积物为对象，进行了这样的研究。我们研究的初步结果表明，潜流的速度能够大致反映过去两万年的基本气候变化，但在更短的时间范围内，二者的具体关系还有待研究。

特提斯洋中的潜流和等深流又是怎样的呢？前面说过，目前，深海洋流是在两极之间流动的，因此，以高纬度地区形成的寒冷的、高密度的海水为主。但是，在特提斯洋的大部分存在时间内，洋流以赤道洋流为主，它们造就了更稳定的全球气候，温暖的海水包围着两极，甚至西伯利亚的海滨都生长着棕榈树。后来，温暖的洋流流入深海，在干旱的海滨，蒸发很强烈，导致水的盐分很高，密度也很大。这些水从暖水区下沉，蔓延到全球的海底，其运动模式与今天极地的海水差不多。这一幕应该是真实存在的，因为在今天地球上的两处半封闭的海盆，即地中海和红海中可看到类似现象。

根据已有的古海洋模型可知，在特提斯洋中，海底洋流和海面洋流的流动路线是一致的，都是自西向东流动。在新生代，特提斯洋逐渐变窄，从地形上看，可以被海下的山脉划分成西部、中部和东部 3 个海盆。海中的瀑布从山上倾泻而下。我有一个不成熟的想法：在新生代的大部分时间内，在特提斯洋西部和中部之间，也就是直布罗陀海峡附近就存在着双向的瀑布。因为，现在在这一区域，可以看到一个巨大的、锥形的沉积堆，向直布罗陀方向倾斜。当然，这个想法还需要进一步证明。

我们对海中的许多等深流沉积物进行了取样，但是在陆地上，却一直找不到类似的古老沉积物。一方面，这可能是因为对等深流沉积物的定义还不够明晰；另一方面，是因为这些沉积物的外观实在没有什么明显的特征。但是，在研究了许多深海中的等深流沉积物样品后，我很有信心辨认出三四千万年前塞浦路斯南部的岩石，它们曾是特提斯洋海底的一部分，是吉塞拉·卡勒尔博士（我的学生）和科斯塔斯·泽诺封托斯博士一同发现的。就我所知，这些岩石是世界上第一批经过详细描述的等深流沉积物。它们是一个正在缩小的海洋的产物，当时，海底的洋流非常强烈。它们形成不久，两极之间的洋流就取代了赤道洋流。

鱼类出场

陆地和海洋正在重新划分势力范围，洋流的路径正在发生剧烈变化，世界正在向冰室环境变化，生命的演化遇到了严峻挑战。本章开头在介绍鲸类爆发和硬币虫时曾经提到这些内容，现在容我多说两句特提斯洋里发生了什么，特别是鱼类。在白垩纪—古近纪大灭绝中，硬骨鱼和鲨鱼毫发无损，它们在海中惬意地游着。很多物种消失了，它们却在新的生境中占据了食物链的顶端。

要想了解新生代特提斯洋中的生物状况，那就应该去意大利维罗纳的博卡小镇看看。小镇坐落在阿尔卑斯山草木葱茏的山坡上，与维罗纳著名的酒乡瓦尔波利切拉和索阿韦相距不远。如果你来这里游览，可不要错过海鲜扁意粉，再喝上一杯索阿韦酒。这里还有一种名为“鱼碗”的食物，令人回味无穷。小镇的博物馆也非常棒。

实际上，博卡山上这段 19 米厚的石灰岩地层蕴藏着大量保存非常完好的鱼类化石（图 8–4）。这些化石最早是 16 世纪发现的。但当时还没有化石的概念，人们并不知道这些东西是什么，因此围绕着这些化石出现了许多神话。现在，经过深入研究，在这里发现了 250 种鱼类化石，可分成 82 个科。还发现了一只鳄鱼、一条海蛇以及大量海洋脊椎动物化石。由于形成环境的氧气含量很低，化石的完整程度特别高，有些化石的内脏和皮肤颜色都保留下来了。从小小的幼鱼到 1 米多长的黄貂鱼，多种多样的鱼表明这里曾出现过珊瑚礁。而且在其他地区的发现表明，白垩纪—古近纪灭绝事件之后，确实有六射珊瑚恢复了生机。博卡的这些化石能够帮助我们对物种进化的情况进行深入评估，特别是有助于人们研究鱼类是如何学会游泳的。

图8–4　意大利博卡山上保存完好的鱼化石。取景宽度25厘米。巴里马什拍摄

在博卡山发现了这么多鱼类化石，清楚地表明，鱼类早就进化出游泳的本领。经过数百万年的尝试，它们终于学会了如何克服水的阻力。要想快速游动，必须减小 3 个因素的干扰：摩擦力、湍流和体型。为了减小身体表面的摩擦力，身体必须变得又圆又滑。很多鱼的鳞片上都有黏液，起着润滑剂的作用（当然这一点不是从化石上看出来的）。另外，要减小摩擦力，身体截面积越小越好，像铅笔那样的体型是非常理想的。为了减小湍流的阻力，身体就需要变得前圆后尖。最后，多数鱼类就形成了鱼雷一样的体型，这种体型具有最快的游泳速度。

速度只是生存的要素之一，而且只有在宽阔的海域中生存的鱼才特别依赖它，例如，金枪鱼、剑鱼和鲭鱼。对于在礁石中生活的鱼类,加速度更有用。这些鱼会静静地躲在暗处，当猎物进入攻击距离后，会突然冲出去。第三个本领是控制身体某个部位的运动。蝴蝶鱼和蓝鳃鱼是这方面的高手，当逃生或威吓比较小的猎物时，它们会通过摆动鳍达到目的。

鱼鳍在鱼类生活中扮演着重要角色。博卡山的化石表明，当时多数鱼已经能灵活使用鱼鳍了。背鳍、尾鳍和臀鳍，还有胸鳍和腹鳍通力合作，保持身体的稳定，也能改变运动状态，例如，拐弯、前进、后退和急停。尾鳍的形状和速度密切相关，新月形的尾鳍说明速度很快，又宽又平的尾鳍说明加速度很快。而其他鳍的数量和灵敏程度决定了鱼的灵活性。

博卡山的化石组合中有许多鲨鱼，其中一些很像现代的虎鲨。虎鲨常常在珊瑚礁附近游弋。鲨鱼的历史很长，它们在特提斯洋中躲过了两次生物大灭绝和数次较小的灭绝。它们是高度进化的杀手，嗅觉非常灵敏，水中微乎其微的血腥味道，它们也能闻到。它们的视力也很发达。但真正神奇的地方是，鲨鱼（和另外一些动物）能通过头部的特殊传感器感知身体周围电流的变化。这种传感器称作劳伦氏壶膜，是意大利的海洋生物学家斯蒂法诺·劳伦兹尼最先在1678年发现的。它们就像一个个小袋子，里面充满果冻一样的物质，通过狭窄的管道与皮肤表面相连，能够感知一百万分之一伏特的电压变化。所有动物在活着或运动时都会不由自主地产生微量电荷，因此，能够感知这些电荷，不啻掌握一件可怕的武器。博卡山的鲨鱼化石说明，鲨鱼在很早以前就掌握了这件武器，所以能够一直雄踞食物链顶端。

海洋生物的繁殖

化石就像一扇扇窗户，通过它们，我们可以看到，特提斯洋是一个五彩缤纷、充满活力的世界，其中的生命不断处于进化和改变之中，它们每天都在为生存而奋斗。我们见证了鱼类为了捕食和躲避捕食而做的努力，见证了鳄鱼的完美铠甲，见证了鲨鱼捕猎的手段。但如果生物不能繁殖，那么一切都是徒劳的。

只要看一眼今天的海洋，你就会发现，海洋生物的繁殖力是多么强大。随便从海里舀一桶水，里面都会有大量生物，有许多要在高倍显微镜下才能看到。其中可能有50多万个单细胞植物和硅藻，它们养活着数以千计的浮游动物。在水华期间，海洋变成一片绿色，每个生物细胞都在快速分裂，一个月就能繁衍10亿个后代。鱼类和海洋脊椎动物也同样具有惊人的繁殖能力。例如，鲭鱼一次能产10万个卵，而狗鳕一次能产100万个卵，黑线鳕能产300万个卵，鳕鱼能产900万个卵。有些海螺更不可思议，一次产2000万个卵。还有一种牡蛎，每年产卵5亿个。但可悲的是，99%的卵都没有机会孵化——它们都变成了其他动物的美味佳肴。

在特提斯洋中，古生物的繁殖规模和现代生物不同，不过可以确信的是，两者相差应该不大。惊人的繁殖能力和多种多样的生殖方式是生物进化的需要，特提斯洋中的生物也不例外。如果生物没有这样的本领，在二叠纪大灭绝之后，就不会有神奇的菊石和海生爬行动物的大爆发，不会有海绵、厚壳蛤和珊瑚形成的礁石；在侏罗纪海洋中，就不会有浮游植物的惊人数量，从而形成白垩纪中期的黑色遗骸，充满白垩的海洋也不会占据五分之四的地球表面。甚至在特提斯洋的晚期，还迎来了现代鱼类和海生哺乳动物的爆发。

大约5亿年前，特提斯洋还没有出现，蝎鲎的远祖就会游到海滨产卵。蝎鲎的行为差不多，它们会在特提斯洋的海滨选择一处（希望有一天我也能发现）中意的海滩产卵，这种习性延续至今。它们每次能产2万枚卵。许多海洋鱼类和所有底栖的甲壳类动物会到长满海草和红树林的浅海区进行繁殖，这里纵横交错的植物根茎既是可口的食物，也形成了绝佳的藏身之所。它们的下一代会在这里生活一段时间，直到学会游泳或爬行，再回到父母生活的地方。前面提到的埃及鲸鱼谷也是一个类似的场所，鲸都喜欢在这里交配和生殖，正因如此，这里才留下了许多动物化石。

特提斯洋中的早期鲸类是不是也像现在的鲸一样，喜欢长途迁徙呢？例如，灰鲸会从白令海出发，游过6000千米，来到下加利福尼亚半岛（译者注：位于墨西哥，其北部与美国加利福尼亚州接壤）海域，进行交配。而座头鲸每年会有几个月在夏威夷海域交配、生育和嬉戏，然后突然消失，几周后出现在食物丰富的阿拉斯加海域。我认为早期鲸类不一样，既然它们是由陆生动物刚刚进化而来的，所以它们不大可能具有长途游泳的能力。到了中新世，鲸类开始大爆发，洋流也变成了南北向，这时的须鲸才掌握了长途跋涉的本领。

但是，在同一时期的另一种动物，也许已经可以在海里游很远了，这就是绿海龟。绿海龟主要在巴西海域生活，那里有许多海草，但它们会游到2000千米外的亚森松岛。它们在水中交配，然后雌龟爬到海滩上，在高潮线以上寻找合适的地点，用前肢挖一个很大、很浅的坑，并且把卵产在里面。它们每次能产大约100个卵，每个卵有高尔夫球那么大。每隔12天，雌龟会产一次卵，一个产卵期会产卵四五次。之后成年绿海龟会回到巴西。至于它们的孩子，那就听天由命了。孵出来的小海龟，只有一小部分能游回巴西。不过非常神奇的是，小海龟长大后，能够丝毫不差地游回出生的地点，继续繁衍。人们至今还不知道其中的奥妙。

在特提斯洋海滨发现的海龟蛋化石并不多，因此，每一次发现都很重要。在加拿大阿尔伯塔荒地（曾经是特提斯洋的最北部），曾发现一个雌海龟化石，体内还有 5 枚卵。离它不远有一个坑，里面有 26 个卵化石。在法国阿尔萨斯的始新世石灰岩中也发现过海龟化石，大约形成于 5000 万年前，与鲸鱼谷的海龟化石基本同龄。这是否说明特提斯洋中的海龟也有远途游泳的习性？寻找特提斯洋中那些适合海龟产卵的海岛，将是我下一个长期的任务。

第9章

沧海高山

“山要动”，我说。
可是没人相信。
大山只是沉睡了一会儿，
它们动过，燃烧过。
但你们不相信。
可是，你们一定要相信！
所有睡着的女人也在动，
现在，她们都醒了。

——与谢野晶子《星河》
（山姆·汉米尔英译）

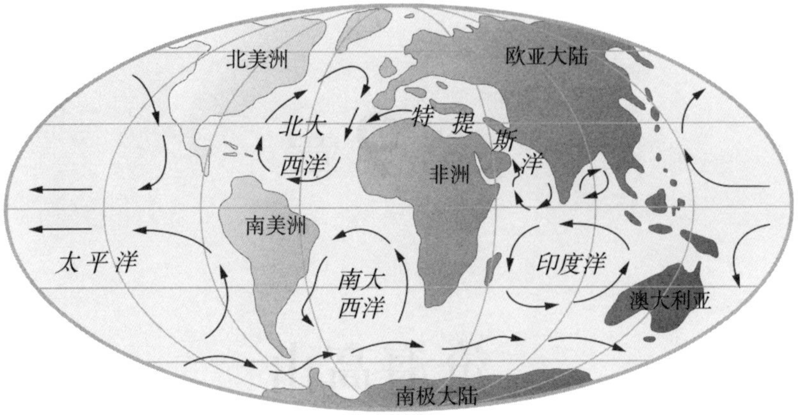

中新世中期特提斯洋（1500万年前）及全球洋流重建图。特提斯洋夹在欧亚大陆和非洲之间，变成了一条狭窄的水道，全球地貌在快速变成现代的样子

如果你在摩洛哥—欧洲—中东—喜马拉雅山一带爬过山，那么你应该知道，你脚下的土地，其实是特提斯洋底或沿岸的沉积物形成的。它们的成分、颜色，它们目前的分布情况，还有它们里边的化石，都能帮助我们了解特提斯洋辉煌的过去。如果再爬得高一些，可能遇到另一个岩套，其中含有深色的枕状火山熔岩，它们是在特提斯洋中部形成的，当时，在海面以下 2 英里（译者注：3220 米），洋中脊不断向两边扩展，大量熔融的、高温的洋壳碎片从其中一喷出来，就遇到了冰冷的海水。这些洋壳碎片来自一个消失的海洋，其中有一些和地幔物质连在一起，也就是本书前面提到的蛇绿岩套。它们在默默地讲述着，一个宽广的海洋是如何一步步缩小的；海洋两边的陆地是如何一步步靠近的；在两个相向运动的板块之间，在不可抗拒的大自然伟力面前，一座座高

山是如何从海中直插云霄的。实际上，喜马拉雅山的宏伟和美丽就是一个海洋赐予的，而这个海洋，现在已经消失了。

喜马拉雅山之旅

云南是中国的一个神秘而迷人的省份。它位于中国西南，面积和美国加利福尼亚州差不多，各地风土人情差别很大，历史也非常悠久。云南西北部有高高的雪山，南部有茂密的热带丛林，北回归线从云南南部穿过。云南发现的动、植物种类占全中国的一半。云南还有中国最早的原始人活动的遗迹。云南有26个民族。这些民族,我在云南旅游时可能都见过，但是甚至连我的中国导游（他说汉语普通话）都不能完全听懂这些民族的语言。

从地形上讲，云南北部是高耸的青藏高原的一部分，西南部是一个巨大的弧形板块，布满了山岭和深谷。这种地形是印度板块撞击欧亚板块并继续向北运动的结果。有3条大河发源于5000多米高的青藏高原，并流经云南，它们在中国的版图上刻下了深深的峡谷，也形成了许多地质景观。在最著名的三江并流景区（译者注：三江是指金沙江、澜沧江和怒江），澜沧江与金沙江最近距离不到70千米，澜沧江与怒江最近距离不到20千米。而在虎跳峡，金沙江变得非常狭窄，据说，古时候有只老虎为了躲避猎人，在这里纵身一跃，就跳到了峡谷的另一面。峡谷的落差高达3000米，也就是说，有一段3000米厚的岩层暴露在外面，这对地质学家来说，实在是天赐的礼物！可惜——我们没法靠近它！另外两条江，怒江流入缅甸，而澜沧江流经老挝、柬埔寨和越南。这3条江流经之处，有大量从山上剥蚀下来的碎屑进入水中，并随着水流前进，一部分沉积到中下游的洪泛平原和稻田中，还有一部分进入海洋。这些峡谷中的岩石就是我的研究对象。

我当时是诺丁汉大学的讲师，恰逢中英开展学术合作，我得到一笔资金，可以到喜马拉雅山一带进行特提斯洋研究。我的合作伙伴是以前在北京参加学术会议时认识的陈长明教授。我们约定在云南西部城市保山碰头。我先在昆明见到了陈教授的同事。昆明是云南的省会，是一座美丽的城市，附近有著名的石林地质景观。我们坐飞机飞往保山。

在云南，我们遇到了补给困难。但是，这里的风土人情像个万花筒，深深地吸引了我们。在有集市的日子里，人们穿着五彩缤纷的服装，拿着各种各样的土产品进行交易，街道上热闹非凡，挤得水泄不通，我们都没法儿走路了。在一个炎热的日子，我们坐车到一处峡谷进行考察。没想到几个钟头前，因为采石工人炸山，崩裂的山石挡住了道路。路上的熔岩锥和尖锐的铺路石把我们的车胎扎穿了三次。在等待补胎的过程中，我们到附近的村子里看了看。这个村子里许多人都以采矿为业（如果我没记错的话，应该是铜矿和锡矿）。他们很高兴地带我们去露天矿坑参观。不过矿坑在河对岸，而桥却坏了，所以我们先帮村民修好了桥。我们还看到农民在田里用牦牛耕地，河边的小猪倌以为我手里的照相机是一把枪，一位小脚老太太正在路边晒面条……这个神奇的地方，在我看来，一切都是那么新鲜。当地人都非常好客。他们大都是第一次见到欧洲人。我们和他们愉快地交谈，互相问着感兴趣的问题。时间很快就过去了。

我后来算了一下，那天我们去了5个工作面。有收获，也有挫折。对造山带，特别是年轻造山带（例如，喜马拉雅山）的研究是很辛苦的，要花很长的时间才能有一些结果。造山带有一些共同的特征。在保山，我们发现山上有许多花岗岩。它们是陆地上最常见的岩石之一，是在高温、高压的地下深处形成的，在那里，各种岩石都熔化了，混合在一起，形成了熔融的岩浆。因为高温的岩浆密度比较小，所以就上升，运动到山脉下方，冷却后形成花岗岩，其中有许多人们熟悉的矿物——玻璃质的石英、白色或粉色的长石、亮光闪闪的云母。中国繁荣的建筑市场对花岗岩需求很大。保山有许多小石材厂，工人把花岗岩切下来，做成街道镶边石、灶台石、地板砖、墓碑和其他装饰石材，大卡车再把这些石材运到中国的各大城市。但是对地质学家来说，除了山脉内部的一些信息，花岗岩提供的其他信息太少了。

我们还发现，保山地区的山体都是由蛇纹岩组成的，这种岩石密度很大，呈暗绿色，闪耀着水波一样的光泽。我在刚刚开始特提斯洋之旅的时候，在西班牙南部城市隆达附近的山上也见过这种岩石。它是地下深处的地幔物质经高度蚀变形成的，之后，板块碰撞产生的强大力量把它挤压到地面。

在云南以西的掸邦高原，还发现了下地壳成因的层状辉长岩和海底成因的枕状玄武岩。这种岩石组合是蛇绿岩套的一部分，它们表明，这里曾经是洋壳的一部分，由于板块碰撞，受到挤压，沿着缝合线抬升。而这些缝合线是板块碰撞和相互摩擦而形成的。

蛇纹岩是一种很受欢迎的建材，有许多工人在忙着开采蛇纹岩就足以说明这一点。它们在成岩过程中经受了巨大的板块应力，因此，其内部有许多裂缝，裂缝后来被成矿流体填充，最后在岩石上面形成了清晰的纹路。如果是含钙的流体，那么纹路是白色的，而且钙能够使岩石更坚固。而其他矿物质则可能使岩石变脆，容易断裂，很难加工成合格的石材。这两类蛇纹岩我们都见到了。这说明，这一区域曾经承受过巨大的压力。

在野外，识别断层标志是每个地质学家的基本功——如果岩石表面有擦痕，说明有两盘断层相向滑动。碎裂的断层角砾和粉末状的断层泥，还有蛛网状的矿脉，都是断层造成的。在云南西部，我们见到的断层数量和规模都出人意料。在这里，不同成因和年代的岩石同时出现，称为混杂岩。这里发生过强烈的侵蚀作用，形成了许多峡谷。实际上，整个三江并流景区是一条地质缝合线，它是两个板块——印度次大陆和欧亚大陆碰撞的产物。

印度板块的运动

前面提到的印度次大陆是一个地质板块，包括现在的印度、巴基斯坦、孟加拉国、斯里兰卡、不丹和尼泊尔，还有阿富汗和缅甸的一部分。在 2.5 亿年前的晚二叠纪，这个板块位于古赤道以南的中高纬度地区，大约以南纬 60° 为中心。它曾经是泛大陆的一部分，一边是非洲—马达加斯加，另一边是南极洲和澳大利亚。读者可能还记得，我和妻子还有小女儿在澳大利亚南部参观时，曾经见到过典型的二叠纪岩石，上面有清晰的擦痕，它们是由于冰川运动形成的。这种现象在印度南部、非洲和南美洲的一些岩石上也能观察到。在这些擦痕形成之后，全球气候就变得寒冷了。

泛大陆分裂成数块之后，其中的印度次大陆是运动得最远和最快的（图 9-1）。1 亿年前，它开始远离非洲和南极洲，穿过宽广的特提斯洋，向北漂移。结果，印度洋中脊开始扩张，印度洋开始形成。洋中脊的快速扩张可能导致白垩纪晚期的海平面上升，地球表面 82% 的区域被海水淹没（第 7 章）。在白垩纪将要结束时，印度次大陆漂过赤道，并且因为受到超级热点的影响，在次大陆中西部，熔融的玄武岩形成了德干高原。这可能是白垩纪—古近纪大灭绝最主要的原因（第 8 章）。在大约 5000 ~ 4500 万年前，印度次大陆和欧亚板块发生了碰撞。

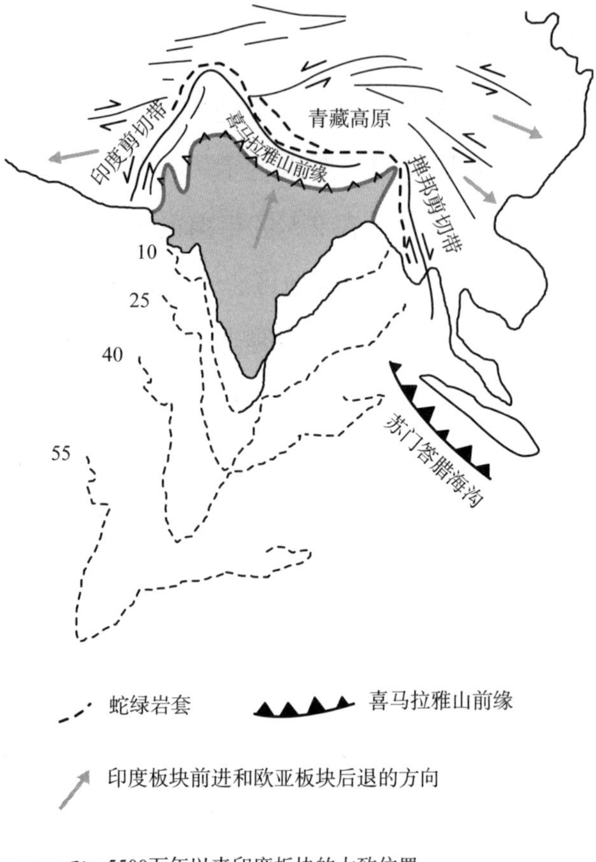

图9-1　印度-亚洲板块碰撞图（5500万年前到现在）。图中还标出了掸邦剪切带、印度剪切带和喜马拉雅山前缘。蛇绿岩套是以前的特提斯洋洋壳的产物

沿着欧亚板块南缘，可能曾经分布着一些群岛。而印度次大陆一直在向北运动，虽然速度有所降低。欧亚板块南缘的一系列山脉——可以称为青藏山脉——由于印度次大陆的碰撞，受到了强烈挤压（图 9-1）。正是这种大陆之间的碰撞，造就了今天的雄伟的喜马拉雅山脉。目前世界上有 10 座 8000

米以上的高山，都位于喜马拉雅山脉。同时，青藏高原也成为世界上最高的高原，最低的地方也超过了 5000 米。

总之，可以计算出来，在一亿年的时间里，印度板块总共前进了 10 000 千米。也就是说，平均每年移动 10 厘米。但是，对印度洋的古地磁研究（第 6 章）表明，在板块移动早期，速度比较快，大约是每年 15 ～ 20 厘米（和现在东太平洋海隆的扩张速度差不多），而现在的速度是每年 5 厘米。换句话说，印度板块还在向北运动，而喜马拉雅山还在升高。

洋壳消长与山脉抬升

印度板块北进时，印度洋开始形成，印度洋中脊绵延数千千米，新的洋壳在不断形成和扩张。在一亿年的时间内，洋壳一直在形成，现在还没有停止，其他大洋中也是如此。地球表面一直有物质增长，那么只能说明：或者是地球一直在稳定地膨胀，或者是地球其他地方有等量的物质在消亡。现在我们知道，第二种猜想是正确的。洋壳消亡的地方称为消减带，它就像一个巨大的资源回收站，第 1 章曾经提到过。但这里要进一步解释一下它的机制和影响。

大洋板块和大陆板块发生碰撞后，前者的边缘会沉入海沟。较重的洋壳会俯冲到较轻的大陆下面，重新熔融并回到地幔。而在消减带上方，也会发生物质的熔融，因为板块强烈摩擦会产生巨大的热量。熔融的物质会沉积在板块表面，熔融主要发生在地表以下 50 ～ 100 千米，这里的温度可达到

1200 ~ 1500℃。这样就形成了岩浆房，并向上运动，成为巨大的侵入体，进入地壳下部，最终冷却并结晶，形成了陆地上的主要岩石——花岗岩。而有一些熔融的岩浆冲出了地壳或洋壳，释放了大量压力，这实际上就是火山喷发。有时火山喷发会在大陆边缘形成岛弧。

如今的太平洋，完全被消减带、海沟和岛弧包围着，因此世界上最严重的地震和火山喷发几乎都发生在这一区域，沿岸国家饱受困扰。地质学家形象地将环太平洋地区称为“火环”。印度洋东缘俯冲到印度尼西亚岛弧下方的消减带下面，世界上有记录的最大的地震和火山喷发就发生在这里。特提斯洋北缘的情形应该差不多。一系列海沟在东西方向上延伸，长度足有地球周长的四分之一，这些海沟紧贴着大陆，只是在有些地方被岛弧和边缘海切断了。在这条海沟带上，多数地方的气候为温暖的亚热带气候，而珊瑚环绕的岛屿周围，生物十分繁盛。但这里同时是名副其实的“火焰腰带”：火山爆发、地震和海啸在这里屡见不鲜，给特提斯洋沿岸造成了巨大破坏。

虽然有破坏，但是同时也有建设。山脉在增长，大陆也是，即使非常缓慢，但谁都无法阻止。地壳深部的花岗岩被板块摩擦产生的高热融化，因为密度比周围地幔物质小，所以浮在上面，推动其上面的地壳上升。这种地质活动常常伴有大量的火山岩的喷出——不是洋底的深灰色或黑色的玄武岩，而是浅色的大陆成因的岩石，包括安山岩（名字源于安第斯山，因为在安第斯山这种岩石特别常见）、流纹岩、英安岩以及其他富含石英的岩石。这些岩浆的黏度比玄武岩浆要高，因此，要让它们喷出地表,需要较大的压力。它们的喷发不是很频繁，但极具爆炸力，火山灰和大块的岩石会同时飞向远方，波及范围很大。这也是山体增长的原因，围绕着特提斯洋北岸的山脉就是这样形成的。

风化与剥蚀在不断侵蚀着升起的山体，剥蚀下来的物质掉到了陡峭的山坡下面，进入湍急的河流，被带到大海中，随着海水不断冲击海岸，有一部分物质就“贴”到了海岸上。有很少一部分进入深海，但由于洋壳的扩展，这部分物质最终回到了陆地。在俯冲带，大片的沉积物连同洋壳的一部分，由于受到刮削作用，转移到上方的陆壳上，最后又离开陆壳。在这一过程中它们发生严重变形——由于受到挤压而变得褶皱，或是被断层撕裂，还有一部分由于高温高压变成了变质岩。陆地上原先的岩石在洋壳的强大而持续的压力之下，也发生了褶皱,向上弯曲。洋壳和陆地上的大块岩体熔融在一起，成为不断增长的造山带的一部分，称为外来地体。它们是非常神秘的，因为形成它们的原始物质早已不复存在。而山脉因此不断生长，并且保留了一些过去的地质信息。

上述所有山体增长，都发生在大陆边缘，在这些区域，海洋板块俯冲到大陆板块下面。但是，当两个大陆板块之间的海洋彻底消失之后，紧接着又发生了大陆与大陆的碰撞。当特提斯洋东缘的一部分完全消失后，印度次大陆和欧亚板块就发生了碰撞（图 9–2）。陆壳太轻了，无法俯冲到海沟中，

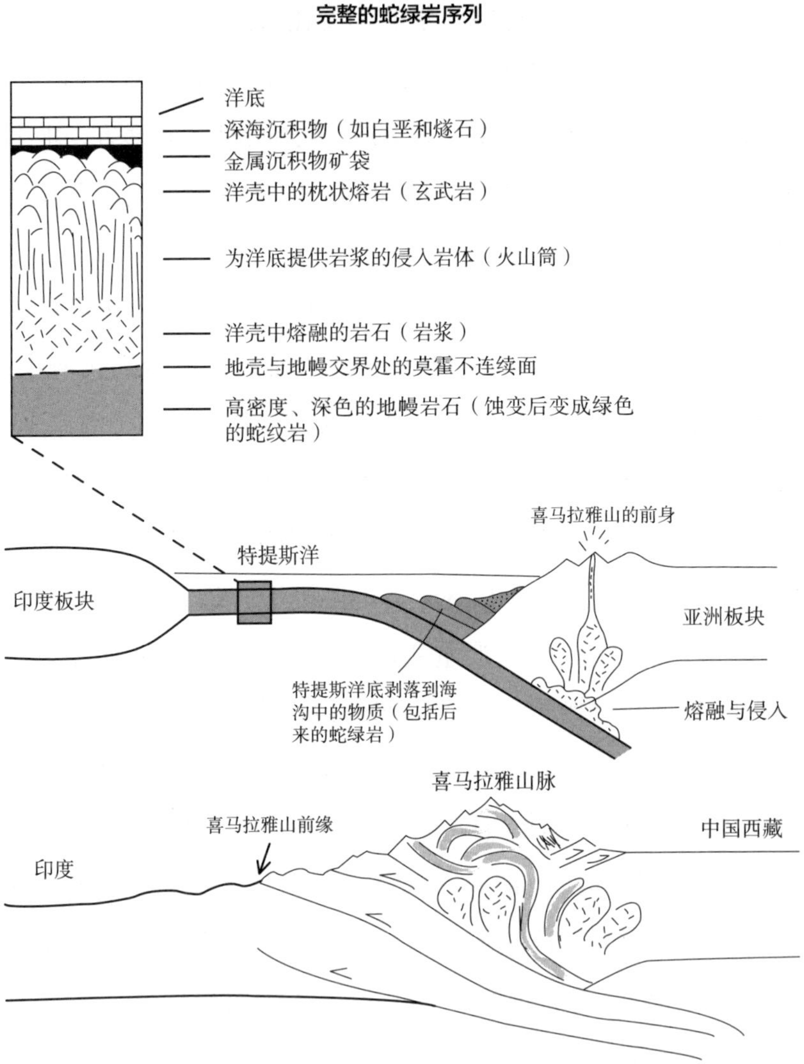

图9-2　印度板块-亚洲板块碰撞与喜马拉雅山脉形成示意图。图中还画出了一套完整的蛇绿岩序列，该序列在其俯冲和侵位之前

因此北特提斯海沟就被掩覆了。两个大陆板块上的岩石都发生了前所未有的褶皱和断裂。巨大的岩石碎块从大陆板块上脱离，冲到了不断升高的山体上面，形成了成层的岩石构造，称为推覆体。法国地质学家在研究阿尔卑斯山的地质构造时最先提出了这个概念。事实上，关于喜马拉雅山的升高机理，还有许多难以解释的地方。因为喜马拉雅山的构造太复杂，而且要在喜马拉雅山进行地质考察，许多地方实在难以到达。目前有多种理论都试图解释为什么喜马拉雅山这么高，为什么青藏高原的大部分地区都在升高，以及青藏高原的底部为什么这么厚，甚至都深入到地幔之中。假说之多，都可以和恐龙灭绝的假说媲美了。现在可以证明的是，在印度次大陆和欧亚大陆发生接触后，印度次大陆冲入亚洲腹地足有2000千米。欧亚大陆经受撞击的区域发生弯曲，从青藏高原到云南西部的三江并流地区几乎变成了弧形。掸邦剪切带是两个板块之间的融合线，沿着这个剪切带，板块滑动一直没有停止。

特提斯洋蛇绿岩带

当特提斯洋底消失的岩石碎片“贴”到亚洲大陆上，或挤到剪切带（板块发生相对滑动的地方）中，其中一部分跑到了非常高的地方。在将近8500米的马卡鲁峰（位于中国和尼泊尔边界）的顶峰上，也发现了特提斯洋壳碎片，这无疑是世界上最高的蛇绿岩。而在这部分洋壳上的海底沉积物被推到了更高的地方，在珠穆朗玛峰的峰顶上，扒开积雪，能看到由它们形成的岩层。在高海拔地区能够发现这些蛇绿岩套和有关的海底沉积物，很令人兴奋，但它们的研究难度极大。根据这些蛇绿岩及沉积岩的分布，可以标出特提斯洋最终的闭合线。

1999 年夏天，我来到印控查谟和克什米尔邦的夏季首府斯利那加。当时，这里刚刚发生过一起滑坡。晨曦中平静的湖面，木质的船屋，还有湖水拍打船屋的声音，都让我们深切感到这个地方的美丽。这里的空气非常清新，只有在高海拔地区才有这种享受。当时我的研究课题是克什米尔地区的滑坡及相关自然灾害，但我还是抽空研究了这里的特提斯洋蛇绿岩带：暗绿色的蛇纹石、一些辉长岩和枕状玄武岩分布在混杂岩中，绝对没错。这一地区的地质特征和自然风光一样令人着迷。

在这里，我要讲一个插曲：这是我第一次来克什米尔，没有想到的是，我差点儿成了人质！离开克什米尔那天，我在宾馆大堂遇到两个身材魁梧、留着大胡子的人，他俩主动要求送我到机场。那时斯利那加的治安情况很糟糕，刚刚发生过几起严重的爆炸事件。在街上，我们还看到几百名全副武装的印度士兵赶往有情况的地区。当时离飞机起飞还有 5 个钟头，并且宾馆距机场只有 15 分钟车程。不过我觉得去机场的路上有人保护还是比较稳妥。而且我见过这两人，他俩曾和我共同在附近参观过（虽然不是地质学家），所以我愉快地接受了他们的好意。

车开了很长时间还没有到机场，而且我发现车竟然是开往巴控克什米尔的，感到有些蹊跷。但车里的气氛还是挺友好。他俩一直说“带你看看风景”。突然车停了，有个人挤上车，坐在我旁边，结果我就被夹在两个人中间。刚上车的这个人裤子上别着一把手枪。很快车停在一片气味芬芳的松林里，我一下子紧张起来。他们让我下车，一左一右挟持着我往前走。我知道前面就是印巴两国有争议的国界线。我不断问他们问题，那个有枪的人（另外两人称他“护林员”）说他们要“捉熊”。我无计可施，根本不知道他们想做什么，也不清楚我们的具体方位，只有心里暗自祈祷平安无事。

3个人突然停了下来，短暂地交谈了一会儿。我能大致听出来他们对我很生气。但他们口音很重，我听不懂细节。他们突然转身，对我说：“今天没有熊！”然后就开车按原路返回，到机场把我“释放”了。我竟然赶上了航班！至今我也不明白，他们当时到底想干什么，为什么又把我放了。但我始终忘不掉克什米尔的美丽风光。我很希望再去那里考察一次。就像特提斯洋一样，克什米尔也有许多神奇的地方和神奇的故事。

言归正传。我们还是继续说蛇绿岩吧。从克什米尔向南，经巴基斯坦到伊朗莫克兰的扎格罗斯山脉，属于同一个蛇绿岩带。在这一区域，有一条近乎笔直的缝合线穿过中东地区的心脏地带，这条缝合线是非洲板块和中亚碰撞的标志，蛇绿岩碎片和混杂岩跑到了地表。该蛇绿岩带扩展至土耳其、叙利亚、塞浦路斯、希腊、意大利和西班牙东南部的隆达。在特提斯洋海图上有数百条蛇绿岩带，它们都有属于自己的独特历史。

黑烟囱、管虫和深海金属

在地中海东部的塞浦路斯有一条特罗多斯蛇绿岩带，非常容易探访，并且是第一条被确定为特提斯洋壳碎片的蛇绿岩带。这条蛇绿岩带的核心位于塞浦路斯岛上的奥林匹斯山（译者注：世界上有多座名为奥林匹斯的山）。此处有大约 10 平方千米的蛇绿岩，颜色深，密度大，并且发生了高度蚀变。在其周围是数百平方千米的地壳成因的岩石。奥林匹斯山还有一个神奇之处：莫霍不连续面通常位于海洋底部以下数千米至几十千米，但在地球上少数几个地方出露在地表，奥林匹斯山就是其中之一。

在岛上，我还看到有一些山坡上布满了枕状玄武岩，它们曾经是特提斯洋的一部分。这些熔岩流的表面有不少很大的凹陷，填充了一种独特的岩石，密度很低，呈浅棕色，称为“棕土”。这种岩石是由地下喷出的热液形成的，热液中含有大量铁、镁和其他金属元素，这些金属元素是从洋壳中淋滤出来的，然后立即以氧化物或氢氧化物的形式进入特提斯洋冰冷的海水中，并沉积在洋中脊的两侧。古罗马人早就发现了这种沉积物，并且用它们作颜料和染料；在工业时代，许多化工厂里用它们作助熔剂。但直到最近，地质学家才发现海底的类似烟囱的结构不断向外释放富含金属元素的热液。这种结构对现代金属工业有重大意义。但更重要的是，科学家在这种本以为不适合生物生存的环境中发现了许多奇特的生物。

20世纪70年代，科学家在太平洋中脊接近加拉帕戈斯群岛的海下的烟囱状结构附近发现了两处繁荣的生物群落。传统上，这片海域是很贫瘠的，很少发现生物。更特别的是，在这次发现的生物中，有许多从未发现过的物种，这震动了海洋生物学界。此后，在许多地方不仅发现了类似的“烟囱”和生物群,而且发现了不少同类生物的化石。一些科学家认为，这种环境中可能蕴藏着地球生物起源的奥秘。

这些海下绿洲都位于深海热泉附近，这些热泉都沿着洋中脊分布,不断喷出炽热的、含有大量金属元素的水（图9-3）。这些热水原本是海水，它们渗入洋壳几百米深，被1000℃的岩浆加热后，又与玄武岩进行物质交换，获得大量硫、铁、铜、锌以及其他金属元素，最后在高压作用下，又回到冰冷的海水中。这种热液的喷发和快速冷凝，形成了烟囱状的结构，有的能长很高。它们林立在海底，就像工厂一样。热液在喷发时，就像一朵朵云彩，因为热液中金属元素不同，云彩的颜色也不一样，有“乌云”，也有“白云”，最后形成了一处处的“棕土”。热液的温度非常高（300 ~ 450℃），含有大量危害一般生命的物质。然而，在烟囱附近几米处，就有大量海洋生物存在。包括巨大的蚌、速生蛤、海葵、藤壶、帽贝、端足蟹、白虾和鱼，大部分生物在其他地区从未见过（图 9–3）。其中，新发现的几种管形虫给人们留下了深刻的印象。它们有成人的胳膊那么粗，3 米长，身体一端长着一个血红色的鳃状结构。还有一种庞贝虫，是生活环境离热水最近的生物。

图9–3　黑烟囱景观。金属硫化物热液喷发，在海底形成了黑烟囱和深棕色的富含金属元素的沉积物。周围有许多奇特的生物，包括①管形虫，②庞贝虫，③白虾，④白蟹，⑤速生蛤和蚌

光线无法到达深海热泉所在的深度，因此，这里的生命无法进行光合作用，只能靠化学合成获取能量。这里的初级生产者是共生细菌，它们生长在许多生物身上或体内，能把

致命的硫化氢氧化，从而为利用二氧化碳合成有机物提供能量。所以，深海热泉附近的生物群是靠地球内部的化学能和热能运转的，而不需要太阳能。这里有些动物，可以靠细菌为它们供给营养，还有些动物，可以吸收细菌死后分解出的有机分子。管形虫体内的共生细菌占了其体重的一半，因此，它们并不需要口腔、肛门和消化系统。有些蛤和蚌，体内共生细菌占了其体重的75%，不过具有很原始的消化系统。还有一些长相怪异的绵鳚鱼，它们以蠕虫和蛤为食。目前，在特提斯洋蛇绿岩中还没有发现这些生物的化石，但是相关研究刚刚起步，未来一定会发现全新的物种甚至完全不同的生命形式。

另一个值得关注的问题是黑烟囱中的金属元素。加拿大多伦多大学的史蒂夫·斯科特教授是世界著名的矿床学专家，他对海底金属沉积物进行了深入研究。他认为,黑烟囱的发现，解决了一个长久以来悬而未决的科学问题。这个问题是，世界上那些最大的金属矿床究竟是如何以及在哪里形成的？例如，西班牙的廷托河，加拿大诺兰达，以及俄罗斯乌拉尔山沿线的一系列巨大矿床。现在我们知道，在这些矿床中，大量金属硫化物（主要是铜、锌、铅、银和铁的硫化物）会形成黑烟囱，还会形成网状的矿脉，并且深入到海洋中的玄武岩和洋底沉积物中。

我最近一次见到史蒂夫教授是在2009年4月，我们受邀共同主持在亚速尔群岛召开的“深海矿物和油气资源大会”。

当时在洋中脊和边缘海的火山岛弧附近已经发现了350个黑烟囱；而在其他可能发现黑烟囱的地方，只有10%进行了研究。黑烟囱为解决全球金属短缺问题和环境污染问题提供了许多可能。谈到这些话题，史蒂夫教授非常兴奋。他说："你看电动汽车，肯定是未来交通的发展方向，每辆需要用掉100千克铜……"目前，巴布亚新几内亚的鹦鹉螺矿业公司正在海底采矿领域进行研究，海底采矿在2012年可能变成现实，为满足全球范围内增长的对金属的需求贡献力量。当然我们还需要面对许多未知的因素。

与特提斯洋有关的一个重要话题就是蛇绿岩中的矿物，它们是当年从特提斯洋底的黑烟囱里喷出来的。数百万年之后，它们抬升到陆地表面，变成了塞浦路斯、土耳其、阿曼这些国家的财富（这些国家都位于阿尔卑斯—喜马拉雅山脉一线的蛇绿岩带上）。铜、铬、锌、铁和银等重要金属矿都得到了开采。

高山化为尘埃

特提斯蛇绿岩带和古生物学家正在寻找的奇怪的新化石，反映了当年特提斯洋底的地质和生物状况。蛇绿岩带坐落在东西向的山系上，它们极有可能是特提斯洋历经数千万年而闭合的产物。在这段漫长的时间里，地质活动从简单的洋壳俯冲演变成大陆板块和大陆板块的全面碰撞。在这个漫长的造山运动中，产生了许多种类和各个阶段的特提斯洋沉积物。

这些沉积物在高温高压作用下会发生蚀变。地质学家会尽量寻找蚀变不太严重的沉积物，试图根据它们的性质，重建特提斯洋的历史。本章主要讨论了印度次大陆和亚洲碰撞而导致的造山运动和东特提斯洋的消失。

同时，我也很关注特提斯洋闭合的历史。在这一过程中，随着非洲向北运动，把欧洲和中东向亚洲中部挤压，这些区域都碎裂了，变成了大量微小的“大陆”。在这一过程中，山脉的抬升并不是很高。恢复地中海地区的古地貌就像一个拼图游戏，正是这些因板块碰撞而形成的轮廓曲折的微大陆和碎片，以及岛弧和火山，还有古海沟，使这个游戏成为地球上最复杂的拼图游戏。阿里斯代尔·罗伯森和我同事多年，他在莱切斯特大学读博士的时候，就开始了塞浦路斯蛇绿岩带的特提斯洋沉积物研究，如今他是爱丁堡大学的沉积学教授，仍然在为这个拼图游戏努力——真是一生的工作啊！

欧洲、北非和中东有许多山脉，包括贝蒂斯山脉、阿特拉斯山脉、比利牛斯山脉、阿尔卑斯山脉、亚平宁山脉、迪纳里德山脉、品都斯山脉、喀尔巴阡山脉、巴尔干山脉、托鲁斯山脉、高加索山脉和扎格罗斯山脉。以上山脉和喜马拉雅山都是最近一期造山运动（合称阿尔卑斯—喜马拉雅造山运动）的产物，是在特提斯洋闭合，板块在地中海地区发生碰撞或者沿着缝合线相互滑动的时候先后形成的。现在板块运动仍未停止，例如，阿拉伯半岛在向伊朗方向推进；死海和亚丁湾越来越远，它们之间会形成新的海洋；土耳其在向西边的爱琴海运动，而在埃及和利比亚北面，洋底正在向意大利、希腊和塞浦路斯下面俯冲。

地球内部的力量驱使板块发生运动，造成山脉抬升，同时也显著影响着全球气候。在阿尔卑斯造山运动之前，也就是在晚白垩纪，陆地面积仅占地球表面积的18%。经过六七千万年，特提斯洋消失了，取而代之的是山脉和一些比较小的海。陆地面积增长为32%，几乎翻倍，并且还在扩大，因为地球已进入冰期。从中生代到新生代，特提斯洋的变化，都反映在沉积物中——沉积物由生物成因变成了碎屑成因，也就是说，开头以海洋成因为主，由生物的遗骸变成了石灰岩和燧石，后来，海洋开始接纳不断增加的从陆地上剥蚀的岩石碎屑。

所有山脉都在经受两种作用：抬升与剥蚀。这两种作用已经斗争了数千万年。毫无疑问，胜利属于水。不断有砾石、卵石、沙和黏土从山上剥落下来，最终回到大海。高大的喜马拉雅山已经生长了5000万年，而在4000万年前，原始的印度河就开始冲刷喜马拉雅山西侧。如今，东南亚和华东地区的土地之所以如此肥沃，就是拜喜马拉雅山上剥蚀下来的物质所赐。另外，中国的黄海、东海和南海也在年复一年地接纳着从大陆冲刷来的沉积物。

来自喜马拉雅山的河流和沉积物蕴藏着令人难以置信的力量。特别是流经云南的几条大河，在冲刷沿岸的岩石时，巨大的力量令人生畏。但谈到河水流量和携带的泥沙，还要数印度河和恒河。数千万年以来，恒河每年向印度洋输送 100 多万吨的沉积物，造就了世界上最大的三角洲之一——恒河三角洲。孟加拉国就差不多完全坐落在恒河三角洲以及与其相连的冲积平原上。

作为一名深海地质研究者，我对冲入印度洋的沉积物特别感兴趣。孟加拉深海扇，巨大的水下三角洲，是世界上最大的单体沉积构造。它的面积超过 100 万平方千米，最厚的地方有 15 千米，在印度洋中延伸了 3000 千米。20 世纪 80 年代末，纽约拉蒙特 - 多尔蒂地质观测台的吉姆 · 科克伦和我共同领导了一次国际科学考察，主要工作就是在孟加拉深海扇最厚的区域进行钻探。这次考察工作是深海钻探计划（见第 5 章）的一部分。我们在斯里兰卡的科伦坡登上“乔迪斯·决心”号考察船，为这次航行做准备。为了办理各种手续，首先要和当地官员打交道。当地政府在我们的要求下，派了海洋地质学家维贾雅南达上船协助我们工作（他很快成为我们的好朋友和强大的乒乓球对手）。著名科幻小说家亚瑟 · 克拉克爵士就住在斯里兰卡的康提市，他也对我们这次航行寄予厚望。这使我非常激动，因为我是读着他的小说长大的。启航以后，船向南穿过赤道，进入幽深的印度洋。

我们在水深 5000 米的海域钻了几个孔，最深的一个孔，钻到海底向下 1000 多米。这里有 1800 万年前的喜马拉雅山的沉积物。我很希望继续向下钻，这样就可以获得喜马拉雅山抬升和剥蚀的更早的信息。可惜时间和钻探设备都不允许。

分析了所有沉积物成分之后，我们看到了这样的景象：喜马拉雅山在不断升高，同时，剥蚀也在不断进行。另外，原本在山底内部的物质也在向山的外部运动。之所以得出后面这个结论，是因为我们在岩芯中发现了一些矿物微粒，它们本来只存在于洋壳和地幔中。

这次印度洋之行收获颇丰，特别是对恒河三角洲的浊流有了进一步认识。它们向孟加拉深海扇输送了大量泥沙。我们甚至还发现了沉积物在深海中的一种新的沉积过程，这一过程与大型海底洋流有关。在晴朗的星空下,我们坐在甲板上，热烈地讨论，该给这种沉积过程起个什么名字。下一章还会谈到浊流和深海中的其他沉积过程。

有趣的是，一些在浊积物中发现的矿物和黏土微粒表明，除了从喜马拉雅山上剥蚀的物质，浊积物还有其他几处次要来源。有些来源于印度半岛上的德干高原，读者应该还记得，这个高原是6500万年之前（K-Pg界线），从特提斯洋中的地幔喷发出的岩浆形成的。还有些来源于斯里兰卡边缘温暖的陆架海。最少的一部分来自附近的阿法纳西·尼吉丁海山。在这次航行中，许多科学家和船员都在钻探上来的沉积物中仔细寻找，想看看能否发现宝石（斯里兰卡盛产红宝石、蓝宝石和祖母绿）。但对我来说，最惊喜的发现是那些深绿色的橄榄石。一亿年前，它们形成于特提斯洋的洋壳中，随着造山运动成为喜马拉雅山的一部分，最后又回到海洋——一个新的海洋。

第10章

女神谢幕

我在命定的无边黑暗中，
我是未经雕琢的花岗岩，
巨大，纯粹，冰冷……
我是岩石，黑色的岩石。
分离是如此突然，
一道深深的缝隙把我撕裂……

——巴勃罗·聂鲁达《天石集》
（詹姆斯·诺兰 英译）

突尼斯的天空总是那么蓝，万里无云，阳光也总是那么强烈。这里的春天很暖和，不时有清风吹过。走到哪里都能看到姹紫嫣红，空气中满是花香。浅色的鸢尾花，黄色的紫菀，白色的突尼斯野玫瑰，天鹅绒一般的喇叭花，还有许多叫不上名字的花。山坡上种的全是松树。松木瓶塞是这里的重要产业。这里还有许多橄榄园，橄榄主要出口到欧洲。山脚下，肥沃的土地上，长着一片一片的大麦，在风中沙沙作响。油菜也已成熟，满眼都是金黄色的油菜花。

我这次来突尼斯，是为了写完这本书的最后一章。这里有一家酒店，不仅服务态度好，而且酒和海鲜特别对我的胃口。酒店是法式建筑，外观稍显破旧，但它位于海滨小镇泰拜尔盖，有宽大的露台，还有游泳池，能够看到地中海的优美景色，非常适合写作。在这里，时间似乎也慢下来了。毛驴驮着蔬菜慢悠悠地走着，羊群在崎岖的山路上慢悠悠地走着，衣着鲜艳的柏柏尔牧羊女也慢悠悠地走着。穿着阿拉伯长袍的男人们坐在路边，似乎在回忆着逝去的时光。远处走过来几个女人，背着沉重的柴火，她们的腰都弯了。

只有港口是一派繁忙的景象。渔船靠岸了，渔民正在把网里的鱼倾倒在码头上。买家把这些银光闪闪的鱼装到塑料桶里，转身就进入身后狭窄的小巷中，匆匆忙忙赶往鱼市。我喜欢这里的露天市场，蔬菜和水果堆得像小山一样，篮子里装满各种豆子和香料。不过走到肉类区的时候，我加快了脚步。在这里，宰好的动物一只只摆着，内脏都挖出来，供顾客挑选。地上血迹斑斑。

我来突尼斯写书，有两个重要原因。第一，宾馆外面有一个小城堡，城堡的地基中有大量深海沉积物，它们是特提斯洋闭合以后，被造山运动带到山上的；第二，蔚蓝的地中海下面，曾经是特提斯洋最后的势力范围。

峡谷与灾难

泰拜尔盖高耸的砂岩峭壁在讲述着一个沧海桑田的故事。山脉升高又被夷平，大陆相撞又分开。年轻的阿尔卑斯山脉坐落在特提斯洋的岸边，饱受地震和火山困扰，并受到严重剥蚀，大量碎屑被冲到河中，并随着河水进入海洋。当海底发生滑坡、泥石流和浊流后，造成巨大的海中峡谷和海沟（图10–1）。碎屑最后进入深海，它们就是我们在孟加拉深海扇中钻探出的海底沉积物（第9章）。在突尼斯北部沿海有一段2000千米长的岩石带，称为努米底亚复理石，它从意大利的卡拉布里亚大区向南延伸，穿过西西里、突尼斯、阿尔及利亚和摩洛哥，再经过直布罗陀海峡，回到西班牙南部，形成了一个圆弧。

我研究努米底亚复理石已经有几年了，发现三四千万年前特提斯洋大陆架上的沙子最后都进入了海沟的深处，一直想弄明白最厚的、完全无结构的沙子是如何沉积的。1992年，当这个研究项目快结束的时候，我带着研究小组来到西西里风景怡人的海滨小镇切法卢。大约50名深海沉积学专家站在

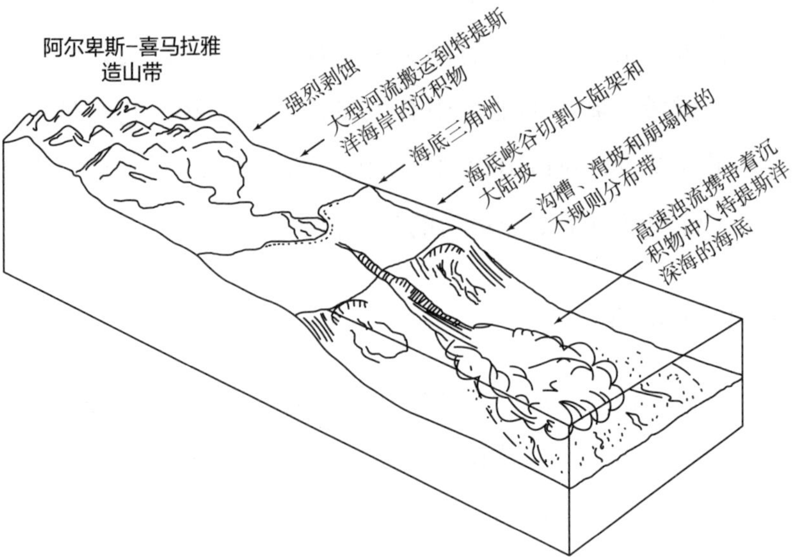

图10-1　海底峡谷和浊流示意图。该图显示了从上升山脉上剥蚀的物质进入特提斯洋深海的途径

海边，我们都知道，脚下曾经是一个巨大的峡谷。

我们都在想象着当年峡谷中的砂岩是怎样沉积的。我的妻子克莱尔（她不是地质学家）提议，把沙子放在桶里，倒上水，然后晃动。很多年后，我们认为，砂岩的沉积过程和水桶中的沙水混合物的晃动过程非常相似。

在特提斯洋中，有些切割大陆坡的峡谷，深度可达数百米，宽度可达数千米，长度可达数百千米，就像是海底的科罗拉多大峡谷。我们可以通过研究浊积物，推断浊流的性质。浊流从高处倾泻而下，沿途沉积了许多物质，即浊积物。实际上，它们是由大块沉积物组成的，就像流动在海面以下很深的地方的湍急的河流。它们能够完全把海沟填平，就像河流能够冲开岸边的石头，在平原上泛滥。在坡度较陡的地方，它们的速度可达到每小时 80 千米，携带着卵石、沙和大量泥浆。

在特提斯洋的其他地方，坡度都很陡，形状也不规则，并且很不稳定，容易发生下坡运动。当河流和三角洲中大量不牢固的沉积物快速堆积在外陆架边缘或特别容易受地震影响的区域时，这种运动特别容易发生。这一时期，特提斯洋中类似滑坡的现象应该是很常见的，导致大量沉积物发生位移。最近发生的几次海下滑坡导致了灾难：密西西比三角洲的一座海上采油平台瞬间沉没了；法国尼斯机场有一条新的跑道突然折断，有一半滑入了地中海；在克里米亚半岛，乌克兰的一个村子在一夜之间整个消失在黑海中。而大伦敦（译者注：伦敦市及其周边的卫星城镇）面临着类似的危险，因为这一区域有一大部分坐落在易滑动的板片构造带上，很可能滑入英吉利海峡。

砂岩颗粒与晶体

“一花一世界，一沙一天国，君掌盛无边，刹那含永劫。”（译者注：此处采用宗白华译文）我第一次读到威廉·布莱克的这几句诗，就把它们当作了地质学家的信条。它们很贴切地反映了地质学家的理想。后来我遇到了美国辛辛那提大学的地质学教授保罗·波特，我特别佩服他在沉积地质学方面的新颖论断。他在南美洲实地踏勘了许多海滩。根据对这些海滩上的沙粒的研究，他撰写了多篇有关大陆内部的论文。1991年，在瓦尔帕莱索举办的智利地质大会上，我和保罗教授再次见面（我俩都是特邀嘉宾），我才得知，整个南美洲地质学界对他的成就推崇有加。我的报告与深海有关，可我并未到过深海，所用资料都是间接资料。而在他的报告中，数据都是他亲自采集的！

非常巧的是，我也是在瓦尔帕莱索第一次读到智利著名诗人巴勃罗·聂鲁达的诗集《天石集》（*Las Piedros del Cielo*，由詹姆斯·诺兰译成英文），这本诗集给了我许多灵感。他有一种极强的捕捉地球之美的能力，诗中对岩石和矿物的描写，举世无双。所以在本书中，许多章都用聂鲁达的诗开头。

还是回到突尼斯。最近我在和突尼斯大学自然科学学院的穆罕默德·苏塞教授，还有我们联合培养的两位博士生萨米·里哈伊和克里斯·费尔迪斯合作（大部分工作都是博士生做的）。泰拜尔盖的古老岩石中有一种玫瑰色的常见石英，我们发现，在这种石英晶体中，混有一种晶型非常完美的锆石晶体，只有针尖大小。把这种晶体分离出来后，对其进行了同位素测年，发现它们形成于5亿年前。

这个相对“年轻”的年龄能够帮助我们回答一个悬而未决的地质学问题：这些岩石到底从哪里来。它证实了非洲北部的一大片地区，从突尼斯到阿尔及利亚再到摩洛哥，其地质特点与年轻的欧洲更接近，而不是古老的非洲。实际上，我们可以推断出，努米底亚复理石构造带曾经是西班牙和法国的一部分，而它们现在与突尼斯隔地中海相望，相距 800 千米。

读者可能会问：为什么单凭一颗小小的晶体或者一粒沙子就可以断定，地球上曾经发生过这么剧烈的变化？实际上，在这小小的沙子中，以及沙子周围的泥土中，已经有许多迹象表明，它们来自早已消失的特提斯洋。证据之一，它们源自同一堆浊积物，都经历过海中滑坡。证据之二，泥土中发现的微体化石表明，它们都是二三千万年前的产物。不过现在还不清楚这些沙粒最初是从哪个大陆剥蚀下来并进入海洋的。

在实验室中，把野外采集的岩石样品用装有钻石刀头的切割工具切成薄片。这一步工作对地质学家来说轻车熟路。然后把薄片粘到很小的玻璃片上，并对样品薄片进行打磨，直至其在显微镜下变得半透明。我们制作了 3 个这样的薄片，在其中一个薄片中发现了微小的锆石晶体。

这在我们意料之中，因为锆石和石英一样硬度很高，能经受长期风化、剥蚀和搬运。真正吸引我们的地方是，当锆石在山脉下方很深的高温高压环境下形成时，就把具有放射性的铀元素固定在晶格中。^{235}U 以恒定的速度缓慢衰变成稳定的 ^{207}Pb，其半衰期为 7.13 亿年。因此，只要精确测定晶格中的 ^{235}U 与 ^{207}Pb 的含量，就可以算出锆石的形成（由熔融的岩浆变成坚硬的晶体）年代。

当仪器给出测年结果的时候，那就是我们的“尤里卡时刻”（译者注：通常是指在科学研究中，长期停滞后突然出现重大突破，类似于“顿悟”)。我们测得的突尼斯锆石大约在5亿~5.2亿年前形成。这个区间和欧洲早期造山运动的时期吻合。当这些山脉发生剥蚀的时候，含有锆石晶体的花岗岩发生风化，进入河流，最终进入海洋。

在锆石最终进入特提斯洋的深海海底(欧洲南部)之前，可能经历了数个山脉抬升和剥蚀阶段。当特提斯洋在两个板块碰撞之下最终消失的时候，洋底的一部分被挤压到陆地上，形成“推覆构造”，也就是现在的努米底亚复理石带的一部分。

为什么说这些锆石不是在非洲原生的呢?很简单，在非洲，类似的事件都发生在20亿年前，锆石的年龄会远远大于我们在泰拜尔盖发现的锆石。为了验证这个结论，我们对泰拜尔盖以南很远的地方（泰斯图尔附近）发现的锆石进行了定年，这些锆石来自河流成因的努比亚砂岩，这些砂岩的形成反映河流从非洲板块到特提斯洋的流动过程。最后测得这些锆石的年龄在20亿年左右。

动荡时期的生命运动

花岗岩中的一块小小矿物，脱离岩石后，从陆地进入海洋，又被海水带到另一个大陆；在大陆坡上，像大伦敦那么大的岩体在重力作用下滑入海中，之后遇到强烈地震，发生解体；在造山运动中，一些岩层整个儿冲到另一些岩层上面；本来位于地下深处的洋壳碎片和地幔成分被挤到高耸入云的喜马拉雅山上面……在特提斯洋晚期，这些地质现象司空见惯。它们都要经历漫长的时间。但也有一些地质事件几乎是瞬间发生的，例如，海下滑坡和浊流，或者引发滑坡和浊流的地震。

这样的情形今天还在发生。特提斯洋晚期，地球正在进入冰期（目前正在远离冰期），除此以外，许多方面几乎和今天的地球一样。目前发现的许多新近纪（中新世时期，2400万 ~ 500万年前）化石和现代生物的形体几乎是相同的。海洋和陆地的地质环境已经和现在非常类似了。

在洋底以下有大量中新世沉积物，并出现在许多次科学钻探得到的岩芯中。在特提斯洋边缘，板块运动一直很剧烈，中新世岩层在陆地上出露很好。它们通常并不坚硬，因此里面的化石很容易挖出来，但在某些地区，因为压实和高温高压作用，它们也会变得很坚硬。在西班牙东南部，离我写本书第1章的地方不远，这两种岩石都有发育，岩层都很厚。在泰拜尔盖，我时常站在酒店的露台上，眺望壮观的日落。在日落之处，正是西班牙的卡沃内拉斯小镇。卡沃内拉斯离著名的旅游城镇莫哈卡尔不远，我第一次知道这个地方是在一个英文网站上，网站把这个地方翻译成“煤仓”，说这个小镇拼命地想把游客从莫哈卡尔吸引过来，但没有什么效果。但实际上，每年8月，有越来越多的西班牙游客为了躲避酷热的马德里、科尔多瓦和塞维利亚而来到这里，一个新的、怡人的海滨景点已出现在人们面前。这个小镇的港口不大，但很热闹，还有几个尘土飞扬的采石场，巨大的卡车源源不断地把石灰石运往小镇边缘的水泥厂。还有一个先进的海水淡化厂，我上次造访这座小镇时，刚刚投入使用。小镇位于干旱的平原上，到处是巨大的塑料温室，里面的蔬菜不仅能满足几乎西班牙全境的需要，还销往欧洲许多国家。从飞向阿尔梅里亚的飞机上往下看，这些温室反光非常强烈。在阿尔梅里亚东南部，是神秘而美丽的加塔角国家公园。在研究晚期特提斯洋的地质学家眼里，卡沃内拉斯是非常理想的地方。如果能在卡沃内拉斯的小酒馆里边喝红葡萄酒边研究，那就再好不过了。

从卡沃内拉斯北部到阿尔梅里亚湾大约有 30 千米，在这条路线上坐落着卡沃内拉斯断层，又称彩虹断层。这个断层就相当于南欧的圣安地列斯断层。它像一条丝巾，铺在山间。丝巾五彩斑斓，有红色、棕色、绿色、黄色、灰色和黑色，不同的颜色代表不同的岩石。这个断层是两个板块相互滑动时形成的。我第一次来到这里,是带着两个孩子来度假的。他们当时一个 9 岁，一个 6 岁。孩子们的鲜艳服装和彩虹断层融为一体。我当时拍了一张照片，把他们照得特别小。后来他们才知道，原来我是拿他们和宽达 2 千米的断层做对比，把他们气坏了。我告诉他们，断层还在移动，虽然速度很慢，每年只有 0.2 毫米，不过足以引发地震，给阿尔梅里亚、索尔瓦斯等周围地区带来灾难。

卡沃内拉斯和加塔角都位于彩虹断层靠地中海的一侧。这一带有许多馒头一样的小山，它们的前身都是中新世海底火山，离非洲海岸很近，不断喷发着火山灰。隆丹火山，上覆珊瑚礁，里面的动物化石和现代动物很像；火山周围遍布滨海和潟湖成因的石灰岩。其中的牡蛎化石看上去就和活的一样，好像还能吃似的。可实际上它们是在1000万年前形成的。罗德奎拉火山，曾经在海面以下数千米，产出过大量黄金,如今被辟为矿藏博物馆。炽热的矿液从火山中喷出的时候，弥散到整个彩虹断层，把金矿带到了距地表很浅的地方。这里至今还能开采出黄金。福来乐火山，以直径5千米的火山口而闻名。火山口有一半没入海中。这个火山于1400万年前猛烈爆发，当时喷出大量白色的火山灰，分布在火山口周围数千米范围内。如今这些地方是蒙脱石矿。还有许多火山灰落在中新世海滩上。在沿岸还能挖出许多贝类化石，如果把它们和真的贝壳放在一起，很难分清哪些是真贝类，哪些是化石。

在彩虹断层另一边，火山较少，而珊瑚礁分布广泛，是鱼类和浮游生物的乐园。在这一时期，发生了一些变化，虽然不太引人注目,但非常重要。例如,在珊瑚礁中出现了海藻。海藻有力地抵御了波浪的冲击。因此，从中新世开始，虽然海浪很大，但沿岸的珊瑚礁还是非常繁盛。但是，正如达尔文在一个半世纪前发现的那样，无脊椎动物的演化速度比脊椎动物慢。中新世以后直到今天，无脊椎动物没有发生太大变化。

梅塞尔化石坑

我用很大的篇幅描绘了新生代特提斯洋缓慢但不可避免的闭合，山脉的升高，还有陆地面积的增大，但是对与特提斯洋毗邻的陆生生物着墨不多。实际上，陆生生物的地位是很重要的，不仅仅因为我们是陆生生物的一员。因此，我将回到过去，也就是新生代早期，那时，有一种类似于南非海岸狼的动物，再次进入大海，并且进化成现代的鲸和海豚。我们在第8章的鲸鱼谷曾经见过这一幕。在德国南部的梅塞尔，也有一处类似的著名的世界遗迹，可以说，它就是4800万年前陆生生物的照相馆。梅塞尔化石坑好像没有埃及的鲸鱼谷那么显眼，但读者千万不要被表面现象欺骗。

梅塞尔是一个已经萧条的工业小镇，位于繁荣的法兰克福以南。不可思议的是，我虽然在法兰克福度过了几年快乐的童年时光，可竟然从来没有听说过梅塞尔。许多当地人对梅塞尔化石坑也知之甚少。2009年，这里挖掘出一具几乎完整的灵长类动物化石——Ida。Ida的科学说法是梅塞尔达尔文猴。当时媒体对其进行了大量报道，认为它是人类进化道路上的重要阶段。这些报道并不准确。因为Ida确实属于一个新发现的种，但与Ida同时期的，有好几个种，它们都位于人类进化树上同一层次。

在梅塞尔工业区后面有一个黑乎乎的大坑，旁边的小池塘中，由于有机质的腐败而不断释放出热量。青蛙在不知疲倦地叫着。这儿曾经是特提斯洋旁边的一个很小、很深的火山口，后来变成了湖。里面不断释放含硫和其他有毒物质的气体。但始新世，这里有茂密的亚热带森林，是许多生物的家园。现在已经发现了35种哺乳动物化石，包括食虫动物、食肉动物、有蹄类动物、食蚁兽、有袋类动物、啮齿类动物和灵长类动物。其中有一匹怀孕的马；还有一只蝙蝠，其胃的内容物表明，它喜欢吃蝴蝶；还有一种奇怪的食虫动物，长得像沙鼠，但和我们今天知道的任何一种哺乳动物都不一样；还有原始的刺猬。还有长得像狐猴的灵长类动物，包括前面说过的Ida，它们已经掌握了爬树的本领。

除了哺乳动物，化石坑中还有许多其他动物。例如，有几对乌龟，还保持着交配的姿势；正在捕捉鲈鱼的鳄鱼，甚至还有鸟类。还有蚂蚁化石，其中蚁后的翼展达到12厘米。还有笨拙的蟑螂，外观和现在的蟑螂没有什么区别。还有漂亮的甲虫，有橙黄色的、蓝绿色的，浑身闪着金属光芒。这些甲虫掉到湖中，被裹在富含有机质的黑色泥岩中，最后慢慢变成化石，不光是身体，甚至连颜色都很好地保存下来，直到4800万年后，才被人们发现。进入19世纪，由于油页岩开采的发展，吸引了许多人来梅塞尔发掘化石。随着化石坑管理规范化的迫近，非法“猎石者”的行为越来越疯狂。有大量化石遭到破坏。看来，要想成为一块完整的化石，不知道要经历多少磨难啊！

五彩缤纷的植物

新生代早期的地球已经和现在很接近了，当然还有许多地方不同。地球的现代格局已经基本建立，但在始新世末期还是发生了严重的物种灭绝，与此同时，全球平均气温剧烈下降。虽然有许多物种消失，但是新的物种很快就出现了，填补了它们留下的空白。不过，它们的生存环境，比以前凉得多也干燥得多。新的沙漠和半干旱地区在全球范围内扩展，这可能与全球气温下降具有同等重要的影响。特提斯洋海滨地区的陆生植物区发生的巨大变化与两者都有一定关系。

郁郁葱葱的亚热带森林中，有月桂、橡树、山毛榉、柑橘、葡萄树、棕榈树和睡莲的化石。它们的生存范围受到很大限制。赤道附近的植物也是如此。在这些地方，首先长出了种类繁多的草，这些草的数量迅速增加。随着地球气候差异的加剧，风越来越大，这有力地促进了花粉的传播，它们更容易飞到新的地区。各种草本植物（杂草）也开始繁殖，例如，菊科植物（包括紫菀和雏菊），就是这时候出现的。我第一次到突尼斯的时候,这些植物明亮的色彩深深地吸引了我。当时，这些植物的分布相当广泛。这要极大地归功于昆虫为它们传播花粉。

陆地上的食物链发生了变化，这对动物界产生了巨大影响。首先，长有灌木和树的稀树草原的面积迅速增大，接着，出现了没有树木的草原。在这两个区域,大型食草动物出现了，并迅速繁衍。它们啃食了大量草、灌木和树叶。这些动物都是有蹄类动物，读者都很熟悉，包括偶蹄目的牛、绵羊、山羊、梅花鹿、长颈鹿、骆驼和羊驼，奇蹄目的马、斑马、貘和犀牛。为了消化植物纤维，它们进化出长长的消化道。为了躲避食肉动物，它们进化出一套求生策略：或是速度飞快，或是群居生活。草原上的食物链比较短，位于顶端的是猫科或犬科动物。

与此同时，还出现了许多体型较小的食草动物，包括兔子、大鼠、小鼠、鼹鼠、田鼠和旅鼠，它们多数以草和草籽为食。在自然界中，它们似乎很弱小，但也有成功的生存策略：运动速度较快，善于隐藏在草丛中，昼伏夜出，多数会打洞。特别是繁殖速度快。人们常说"像兔子一样能生"，这话一点儿也不假。但是和鼠类相比，兔子还略逊一筹。有时候，老鼠就生活在离我们很近的地方，我们却浑然不觉。

草原的出现和蔓延显著影响了许多物种的进化路径，包括灵长类和人。实际上，无论是在海洋中还是在陆地上，食物链底端的生物的特性和健康状况都对其他生物的进化、繁衍甚至灭绝产生了深远影响。

灵长类的进化

人类的远祖是否亲眼目睹了特提斯洋的消失？这个问题很有趣，也很难回答。因为目前发现的灵长类化石并不多，所以关于人类进化和大爆发的证据都是零零星星的。往往是今天在这儿发现了一颗牙齿化石，明天在那儿发现了一根腿骨化石，而两个化石的年龄相距甚远。灵长类动物可能是由食草的小型哺乳动物演化而来的，应该是当时最弱小的哺乳动物，就像现在的鼩鼱一样，需要时刻提防食肉动物。具体的时间，可能是在白垩纪，特提斯洋的海域接近最大的时候，也是地球上在数百万年内气温最高的时候。它们在白垩纪—古近纪灭绝事件中幸存下来，否则就不可能有现在的我们了。到了新生代早期，人类的远祖分化成两支，一支很像狐猴（梅塞尔化石坑中的 Ida 就属于这一支）；还有一支很像眼镜猴，身体小巧，行动敏捷，生活在树上，主要以水果和昆虫为食。最早的猴子和猿都是第二支的后代。最早的猿生活在东非的热带森林中，爪子能牢牢地抓住树枝。它们的天敌不多，食物也充足，因此没有必要迁徙。但是，不知道是什么打破了它们宁静的生活，估计气候变化和食物来源变化是少不了的，而这又和特提斯洋的封闭以及非洲和阿拉伯与欧亚板块的相向运动分不开。两大板块碰撞不久，猿类就开始了迁移。在大约 1500 万年至 1000 万年前，它们到达了欧洲西南部、欧洲中部和亚洲。它们应该看到了晚期的特提斯洋，并且在它的海岸跋涉过。但它们并非我们的直系祖先。

人科的祖先应该一直在东非腹地生活，直到分化成大猩猩、黑猩猩和人类，虽然目前还没有发现太多化石支持这一猜想。生物化学研究表明，人类和黑猩猩大约有 98% 的脱氧核糖核酸（DNA）相同，和大猩猩的 DNA 差异稍微大一些。运用分子钟技术（译者注：研究生物分子进化的一种技术）进行研究得出的结论是，人科祖先的基因在大约 700 万年到 500 万年前发生了分裂，变成了 3 个种，这就是上述微小差异的由来。这种分裂也许就发生在特提斯最终消失之前不久。

这个说法很有趣。按照这个说法，我们最近的祖先——古人，离开东非以后，在大约 530 万年前来到了特提斯洋岸边，不久，特提斯洋就消失了。这种古人（又称为南方古猿）来自肯尼亚、坦桑尼亚和埃塞俄比亚。在这里，他们分道扬镳，不久（350 万年至 230 万年前），就分别到达西北部的乍得和南部的好望角。

但是，我认为，是进化和环境变化的共同作用，促使我们至少一部分远亲在这个时间之前就离开东非贫瘠的森林，沿着浩浩荡荡的尼罗河，到达了特提斯洋的岸边，之后不久，特提斯洋就变得干热无比。我的这个猜想还有待证实，估计证据就埋藏在尼罗河三角洲下面。

特提斯洋的最后时刻

我们的祖先见到特提斯洋不久，灾难就降临到这一地区，而其后果影响了整个地球。这是个什么灾难呢？我们又是如何知道的？从卡沃内拉斯出发，向北开车 40 分钟，就到达阿瓜斯河。如果要寻找灾难的证据，这里是最好的地方。

虽然这里是一条河，而且名为“水之河”（译者注：Rio de Aguas，西班牙文中是“水之河”的意思），但是，这条河通常是干的。河道差不多把迷人的索尔瓦斯古镇围了起来。小镇的房子几乎都建在40米高的砂岩峭壁上。在砂岩层下面，是40米厚的致密的白色石膏层，在阳光下，石膏晶体闪烁着明亮的光芒。有些较大的石膏晶体能长到50厘米长，石膏晶体有一种常见的晶型——燕尾双晶，这种晶型具有一种奇特的光学性质——双折射。也就是说，你在一张白纸上画一个黑点儿，然后把石膏晶体放在纸上，透过石膏，会看到两个黑点儿。石膏是一种很软的矿物，用指甲轻轻一划，就能留下痕迹，因此可用来进行雕刻。石膏还很容易溶解，酸雨就能造成石膏岩洞或暗河，就像石灰岩地貌一样。因为又软又容易溶解，所以这样的地貌寿命很短，在世界上很罕见，因此，西班牙政府把阿拉米利亚山区的石膏岩地貌辟为国家公园。

石膏还有一个重要的意义：它能在部分程度上回答我刚才提出的问题。它不仅在西班牙有产出，而且在现在的整个地中海地区都有发现。它们都形成于650万年至530万年前，也就是中新世晚期。石膏的化学成分是硫酸钙。当海水蒸发时，其中的硫酸钙就会结晶，形成石膏。它主要出现在干旱地区的半封闭海洋中，例如，亚洲的咸海和波斯湾沿岸。和硫酸钙相比，氯化钠在海水中的含量更高，但是溶解度也更高，因此在海水蒸发过程中，硫酸钙先结晶。20世纪70年代，深海钻探计划首次在地中海的海底沉积物中发现了厚厚的石膏层和氯化钠层，它们都形成于中新世晚期。

这正是我们要寻找的最后一个证据。俄亥俄州立大学的地质学教授许靖华是DSDP那个航次的首席科学家。他是个不知疲倦的人,想象力也特别丰富。因此我能感觉到,对于这个发现,他是多么激动。当时,他向地质学界,乃至整个世界宣布,地中海曾是某个大洋的一部分。由于地质运动,这部分被分割出来,形成了一个封闭的环境,当海水蒸发后,留下了厚厚的盐层。后来,直布罗陀海峡打开以后,就像是打开了水库的闸门,这个干燥的盐池被大西洋汹涌而来的海水填满了。在后来的几十年研究工作中,科学家发现,这个猜想大体是正确的。

地中海中蒸发的水体,其实是特提斯洋最后的残余部分(图 10-2)。特提斯洋的谢幕是缓慢而痛苦的。在它东面,印度次大陆早已和亚洲板块相撞,并使喜马拉雅山抬升。但在早中新世(2000 万年前),特提斯洋仍是开放的,因为它有一部分与当时的波斯湾以及印度洋相连。而北边有一部分进入亚洲,与黑海、里海和咸海的前身相连。在 1600 万年至 1200 万年前,阿拉伯板块向北推进,与中亚相连(扎格罗斯山脉

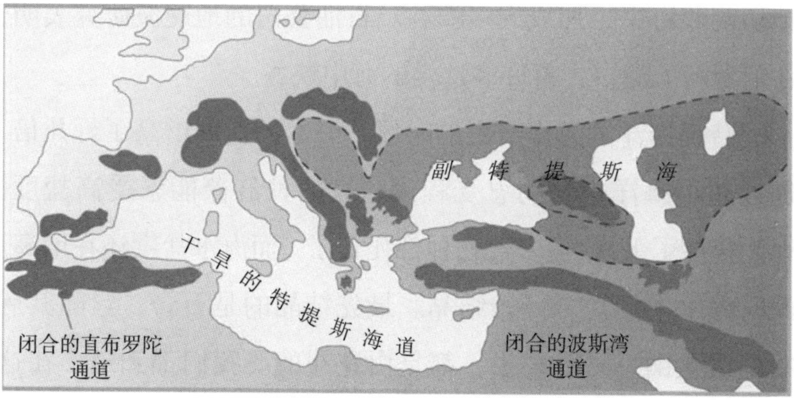

图10-2 中新世晚期特提斯洋(600万年前)。主要是特提斯海道的水消失后,特提斯洋残骸和副特提斯盆地 。图中还标出了主要的山脉

是两者的缝合线），形成了今天的中东地区。这一地质变化切断了特提斯洋与波斯湾的联系。随着非洲的不断北进，托鲁斯山脉、品都斯山脉与迪纳拉山脉把特提斯洋的北缘隔离出来，形成一片巨大的陆间海，称为副特提斯海。在这一时期，非洲西北部与欧洲特别接近,它们中间是直布罗陀海峡。最后，面积广阔的特提斯洋只剩下一小块轮廓不规则的水体，这就是地中海的前身。北边的副特提斯海成为一个咸水至淡水的内陆海。而在西边，板块碰撞仍在继续，同时，随着全球平均气温下降，海平面也下降了，而极地的冰盖越来越厚，真正的麻烦开始了：特提斯洋完全和大西洋隔离了。这是650万年前的事儿。

当时，中纬度地区的气候比现在更干燥、更热，因此，注入这一区域的水量赶不上蒸发量。渐渐地，水位下降了，特提斯洋被分割成许多小海盆。注入这些小海盆的河流深深地切割着海岸，形成许多峡谷。石油公司的地震波研究表明，在尼罗河入海口，有许多这样的海中峡谷。

特提斯洋的海水蒸发的时候，海水的盐度增高了好几倍，远远超出海洋生物的忍受程度。有一种红藻能忍受高盐度，因此存活了下来,但多数物种都死亡了。而海水盐度还在增高。此时海水中的盐分开始结晶。最先结晶的是石膏，紧随其后的是氯化钠。一眼望去，都是白花花的。我们都知道，在这种环境中，什么生物都无法存活。

如果特提斯洋的海水全部蒸发，盐层厚度会达到25 ~ 30

米。其中，氯化钠应该比石膏多。根据海盆的体积和海水的盐度，很容易计算出以上数字。但是，在有些地区，例如，在西班牙、意大利、西西里、克里特、塞浦路斯和北非，石膏层厚度可达数百米，有些地方甚至超过 2000 米。特提斯洋在其晚期，深度和今天的地中海差不多高，盐度也差不多。即使加上从海底下面钻出的氯化钠，盐层也不可能达到这个厚度啊！特提斯洋在直布罗陀海峡最终关闭时，深度与现今地中海相当，盐度也不会更高。唯一可能的解释是，特提斯洋的海水经过了多次完全蒸发，即特提斯洋的海水完全蒸发后，大西洋的海水通过直布罗陀海峡注入特提斯洋，之后，海水再次蒸发，大西洋的海水再次注入……就这样，水体反复蒸发、注入，持续了大约 100 万年，在这期间，以前特提斯洋的海水全部进入大气，又变成雨水，降落在陆地上，最终都汇入特提斯洋。所有的特提斯洋盐分都被锁住了，成为这个大盐池的一部分。这个地质过程让地质学家困惑了许多年。

最后，直布罗陀海峡变得非常通畅，这个大盐池与大西洋终于长久地连在一起，它充满了海水，这些海水再也不会消失，这就是地中海。一个新的海洋取代了旧的、曾经很繁盛的大洋，海水都来自大西洋；新的生命也出现了。不断的泛滥和干旱终于结束了，新生的地中海是那么蔚蓝、平静。除了岩石，特提斯洋的痕迹留下来的很少。而在这些岩石中，却隐藏了许多关于这场有史以来最惊心动魄的地质巨变的信息。特提斯洋就这样永远消失了。

第11章

未来遐想

我知道，有一条路，
生命在路上代代相传，
直到烈火、大树与海水，
变成深红，
变成清泉，
变成化石。

——巴勃罗·聂鲁达《天石集》
（詹姆斯·诺兰 英译）

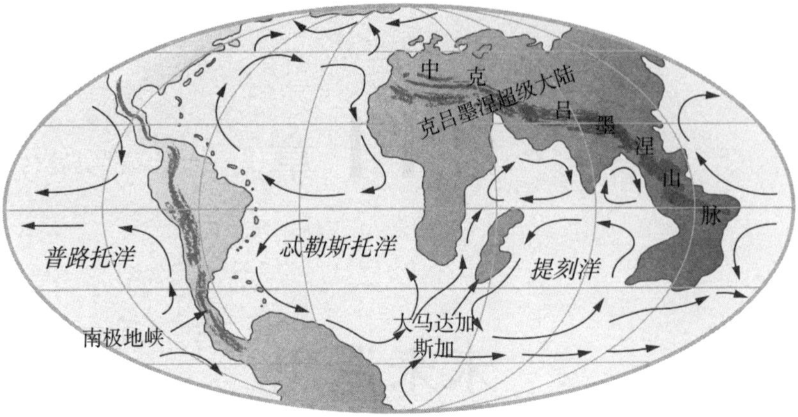

5000万年后的地球。图中显示了新的山脉和洋流。忒勒斯托洋西面的岛链和穿越提刻洋的岛链是在新的海沟和俯冲带之后形成的

在2.5亿年的时间内，特提斯洋一直在影响着地球。它的轮廓变化很大，面积变化也很大，但始终与一些全球重大事件密切相关。它的影响是深远的。二叠纪大灭绝使90% ~ 96%的物种永远消失了，而特提斯洋孕育了许多新生命，使地球再度繁荣。此后，特提斯洋一直和生物的进化息息相关，如鱼龙、羊膜动物、厚壳蛤礁和硬币虫化石沉积层等。无数的物种，你方唱罢我登场，留下许多迷人的化石，提醒我们，这个地球上曾经有过多少不同的世界。但是，每次出现新的物种，它们都和现在的物种长得更相似，甚至连浮游生物也是如此。从远古的海洋生物，变成如今人们熟悉的牡蛎、藤壶、蟹、虾、珊瑚礁和五彩斑斓的鱼儿。物种的演化、生存和灭绝都与海洋中的环境因素密不可分。

特提斯洋内部以及全球的环境发生了很大变化，这种变化受自然力的驱动，其机制我们现在还没有研究清楚。最终，地球表面岩石圈的运动决定了特提斯洋的增大和扩张，以及后来的缩小和消失。浅海和潟湖，大陆坡和洋中脊，热带岛屿和赤道附近的海滨，温带和极地的海洋，都是板块运动的结果。因为气候温暖，而且缺少极地冰盖，结果连海平面的升降都受到洋中脊长度和扩张率的影响。

板块运动把特提斯洋一直限制在低纬度地区。泛大陆的漂移和特提斯洋西缘的新臂的生长（穿过超级大陆）提供了一条赤道通道，通过它，浅层和深层的洋流得以在世界范围内循环。这个洋流的路径使地球的气温和海平面都比较高，就像一个温室。直到特提斯洋几乎完全闭合，以及新的南北向的大西洋足够扩张，全球大洋才被几乎全新的洋流系统横扫。它们把大量温暖的表层海水带到极地，海水迅速降温，再被强大的深层洋流带回赤道。这个新的洋流传送带，再加上南极洲被海洋包围，孤零零地留在南极附近，直接导致最近地球上的冰室气候，以及冰期与间冰期的交替。在特提斯洋末期，全球气温剧烈下降，进入冰期，而特提斯洋的最终消亡具有重大的地质意义。

海洋是个气温调节器

海洋气候始终是一个根本性的动力。它控制着全球的气温。如果海洋气温过高（超过 27℃），则马上会出现强烈的飓风或热带气旋，在海洋里或陆地上，它们都能造成巨大的灾难。

一个热带气旋一天内释放的能量相当于美国工业生产一年所需。风也是如此，它不仅可以促进空气流动，改变各地气温，还可以驱使洋流带动热量从赤道向极地转移。洋流携带的热能之大，令人吃惊。例如，墨西哥湾暖流每秒钟从加勒比海向西北欧传输 2300 万亿焦耳的热量。海洋就像一个巨大的恒温器，与大气协力工作，调节着全球气温。海洋不仅可以传输热能，还能储藏碳和二氧化碳，是地球上主要的碳库之一，因此也控制着大气中的温室气体。海洋就像一块巨大的海绵，储藏的二氧化碳是大气中的 50 倍。而且人类行为排放的二氧化碳，有 30% ~ 40% 被海洋吸收了。但海面就是一个双向阀，随着海水中气体含量不同和海水搅动程度不同，会“打开”或“关闭”。因此，二氧化碳会重新回到大气中，或进入海底的沉积岩中。通过这种方式，海洋能够——至少部分能够——对地球的长期气候变化做出反应。国际大洋钻探计划 2009 年在德国不来梅召开了一次会议，我们讨论的一个议题就是，在过去几千万年中，在快速变化的气候环境下，海洋与气候的强大联系。加州大学圣克鲁兹分校的吉姆 · 扎克斯教授简要介绍了新的、令人吃惊的北冰洋深海钻探结果。他的研究小组通过研究浮游生物化石的碳酸钙组分中不同含量的氧同位素，获得了过去海水的温度。这清楚地表明，大约 5500 万年前，也就是古近纪中期，北极海水表面温度快速而短暂地升到 23℃，这和现代海洋温度（0℃左右）的差别很大。这一时期是特提斯洋的最后一个兴盛期，全球海平面比现在高大约

150 ~ 200米，特提斯洋的海水淹没了欧洲的大部分地区，以及中亚和北非。大量海水流过墨西哥湾，淹没了北美板块西部。此后，特提斯洋开始退却，洋流的路径也发生了变化，全球温度（陆地和海洋）开始急剧下降。

我们现在还不了解古近纪中期气候急剧变化的原因，也不清楚当时空气中为什么会有那么多二氧化碳。二氧化碳过多，会促使海水吸收二氧化碳，起到调节作用，保持气温不变。我自己的理解是，这与格陵兰—冰岛—法罗群岛超级地幔柱的形成和频繁的火山喷发密切相关，因为它们的发生时间非常接近。我们还知道，现在人类行为导致的全球变暖使世界再一次面临温度升高。极地的冰盖在融化，海洋表面温度在升高，海平面在持续上升。这也许是全球气候急剧变化的开始。有人认为，短时间内气温会快速增高，不过这个观点引起了较大争议。根据吉姆·扎克斯的模型，21世纪末，气温会和3300万年前差不多，而到2300年，会和古近纪中期持平。当然，要发生这种剧烈变化，前提是人类不改变自己的行为。从目前的趋势来看，我们有理由相信，全球变暖是大量燃烧化石燃料造成的。人类其实有能力改变这种行为，从而使海洋这个气温调节器重新恢复功能。

未来的海洋

人类可以就气候变化的原因展开争论，却无法阻止板块运动，以及板块运动对环境产生的深远影响。我们还不知道，这个影响到底是正面的还是负面的。我们甚至仍然不知道如何预测火山喷发或强烈的地震（不过我相信人类在未来几十年内会解决这个问题），这两种地质现象都是与板块运动密切相关的。有人想，能用人工方法把火山熄灭，或是阻止陆地向海沟滑动，这无异于痴人说梦。

尽管如此，预测今后 5000 万年内板块运动的速度和方向却并非异想天开。在本章开头，我绘制了那幅地图，就是为了进行这个工作。其实，关于板块构造的机理，还有许多不清楚的地方，例如，新的洋中脊会在何时、何处形成，旧的大洋会在何时、何处退回到地幔中。但是，考虑到有那么多不确定因素，我绘制的那么遥远的将来的世界地图还是相当可信的。

南半球的大陆（以前均属于冈瓦纳大陆）还会继续向北移动。非洲会进一步挤压欧洲，而阿拉伯半岛会进一步挤压中亚，因此，地中海、黑海、里海和咸海都会不断收缩，直至消失。在这些海域附近的各个山脉会不断升高，最终连在一起，形成新的山脉，高度足以媲美喜马拉雅山。而喜马拉雅山不会再增高太多，其主要原因并非越来越严重的山体剥蚀。早有迹象表明，印度板块与亚欧板块的撞击对其他地方产生了影响。1988 年，我和拉蒙特 – 多尔蒂地质观测台的地震专家吉姆·科克伦共同作为首席科学家领导了“乔迪斯·决心”号钻探船在印度洋上的钻探，我们利用地震成像技术清楚地观察到，印度洋的部分洋壳在应力的作用下发生着变形和褶皱。吉姆·科克伦大胆地提出，发生褶皱的地方将来会发育成新的海沟和俯冲带。我同意他的观点，因此我在绘制的未来海图上，在马尔代夫和澳大利亚之间画上了一条海沟。

从未来海图中还可以看到，澳大利亚向北移动，与西太平洋和东南亚的岛屿连在一起。另外，印度板块将滑向苏门答腊海沟。因此在东南亚地区，会形成新的山脉，和掸邦剪切带以及中国的喜马拉雅山脉连在一起。届时将出现一座横跨整个新的超级大陆的山脉，足可与2.5亿年前横跨泛大陆的长达7000千米的山脉匹敌。我给这个新的板块起名为克吕墨涅超级大陆，给横跨大陆的山脉起名为中克吕墨涅山脉。这条山脉是中特提斯洋和东特提斯洋的缝合带。特提斯洋和其女儿海的更多碎片，从地中海到咸海，将冲到这些顶峰上。地质学家如果要预测未来的地球，是有许多规律可循的。

克吕墨涅超级大陆当然也会分裂、解体，但这是很久以后的事儿。实际上，现在就有一个巨大的裂谷会变成新的大洋，这就是东非—红海—亚丁湾裂谷带。第2章末尾曾简单提过，它是以埃塞俄比亚热点为中心进行扩张的。目前的东非大裂谷正处于大陆分裂的初期。在裂谷的深处，火山运动频繁，因此，温度很高，板块厚度也很薄，并且已经被拉伸了。大裂谷会逐渐沉降，终有一天，海水会流入裂谷。这不过是步红海的后尘。这个新生的海洋一开始非常狭窄。随着新洋壳上升，海底会沿着裂谷轴向扩张。那里有我们还未发现的海中热泉和富含金属元素的沉积物（可能是黑烟囱）。亚丁湾早就有一个扩张中心，它就是印度洋中脊。整个区域的地质状况非常独特，我们可以根据这个区域的特征学到许多大陆分裂和海洋形成的知识。实际上，这个区域和侏罗纪早期的特提斯洋很像，当时，特提斯洋的西端伸入泛大陆，切出了一道深谷。

因此，在未来海图上，非洲沿着现在的东非裂谷分成了两半，东面的部分向印度洋方向移动，与马达加斯加融合。东西两部分之间的新大洋——提刻洋，宽度已超过 1000 千米。实际上，如果非洲板块分裂得更早（例如，100 万年后就开始），并且裂谷宽度每年增加 4 厘米（比现在大西洋的扩张速度仅快一点点），那么，5000 万年后，提刻洋的宽度会超过 2000 千米。同时，中克吕墨涅山脉会停止向北方进行的下切运动，而红海已经出现一个楔形的口子。

在克吕墨涅超级大陆西面，大西洋会不断变宽，最后变成地球上最大的大洋。我给它取名为忒勒斯托洋。随着大洋不断变宽，离洋中脊最远的、古老的、寒冷的洋壳，密度越来越大，越来越重，最终下降，沉到地幔中，导致新的俯冲带的形成。但是我们不知道这种事情会在何时、何地发生。我预计，在忒勒斯托洋的西缘，沿着美洲板块，会发育一系列海沟和火山岛弧。

还应该注意的是，这一阶段，南极洲也会向北漂移，并且与南美洲融合。当南极洲的一部分还处于南极，而格陵兰岛的一部分漂过北极的时候，还会出现一个从北极延伸到南极的板块——墨提斯大陆。这个大陆的南北两端将终年覆盖着冰雪，在与普路托洋毗连的沿岸，还有一座长长的山脉。在所有由过去的地质板块形成的新板块中，还从来未出现过像这样的板块。这也许并不值得惊讶，因为，虽然循环本来就是漫长的地球历史的一部分，但是过去永远不可能完全重现。长长的墨提斯大陆会有效地阻止纬向环流。实际上，在极地产生的寒冷的底流，会随着强烈的经向环流，流向赤道和更广大的地区，并向上翻涌，造就一个富饶的海洋。气候分区（从极冷到极热）也会由此产生。中克吕墨涅山脉会跨越更广大的区域，该区域位于季风区，这个季风区比现在的季风区大得多。到那时候，由于生态环境的多样性，生物界会比以往任何时候都繁荣，虽然人类可能已经消失很久了。

在阿尔弗雷德·丁尼生的长诗《洛克斯利大厅》中有这样的句子:“我极目远望,神奇的未来世界尽收眼底。”（译者注:丁尼生是19世纪英国著名诗人，生逢自然科学取得显著进步，例如，地层学、岩石学、进化论的建立或发展，强烈冲击着人们的世界观。《洛克斯利大厅》一诗反映了他在宗教信仰与自然科学之间徘徊的复杂感情）他下笔之时，可能不会想到我描述的未来世界。但是，我敢保证，这个未来世界绝不是我凭空构想的。非洲正在向北移动，地中海将变成高山，东非大裂谷和红海一直在分裂、扩张，会形成新的海洋。大西洋在稳定地变宽,等等。洋流的路径取决于大陆和大洋的位置，并且是全球气候变化的主要动力。当然，还有许多因素能影响地球的气候和生物，例如，天体运行轨迹的变化，以及超级火山的喷发。种种因素都会使我勾画的5000万年后的海图变得更复杂。

我给未来的这些新大陆和新大洋起的名字都取自希腊神话中的小海神或小河神。它们统称俄刻阿尼得斯，都是特提斯和俄刻阿诺斯的孩子，用这些名字纪念一个曾经影响地球2.5亿年的大洋再合适不过了。今天的地球，无比壮丽，生机勃勃，这都是特提斯洋赐予的。通过对特提斯洋的研究，我们更真切地感受到时间的威力，也学会了用全新的观点认识这个世界。我相信，当我们应对今天和未来的巨大挑战时，这种观点能使我们更有责任感、自豪感，也更加谦卑。

延伸阅读

Beerling, D., 2007, The Emerald Planet, Oxford University Press

Benton, M. J., 2003, When Life Nearly Died: The Greatest Mass Extinction of All Time, Thames and Hudson

Bjornnerud, M., 2005, Reading the Rocks: The Anatomy of the Earth, Westview Press

Byatt, A., Fothergill, A., and Holmes, M., 2002, The Blue Planet: A Natural History of the Oceans, BBC/DK

Conway Morris, S., 2004, Burgess Shale, Oxford University Press

Dawkins, R., 1996, Climbing Mount Improbable, Viking Press

Dixon, D., Jenkins, I., Moody, R., and Zhuravlev, A., 2001, Cassell’s Atlas of Evolution, Cassell & Co.

Fortey, R., 1999, Life: A Natural History of the First Four Billion Years of Life on Earth, Vintage Books

Fortey, R., 2001, Trilobite: Eyewitness Guide to Evolution, Harper Collins

Fortey, R., 2004, Earth: An Intimate History, Knopf Publishing/Random House

Holland, H. D., and Petersen, U., 1995, Living Dangerously: The Earth, its Resources and the Environment, Prentice Hall

Jones, S., 2001, Almost Like a Whale, Black Swan

Kunzig, R., 2000, Mapping the Deep: The Extraordinary Story of Ocean Science, Sort of Books

Marshak, S., 2005, Earth: Portrait of a Planet (2nd edition), W. W. Norton & Co.

Monroe, J. S., and Wicander, R., 2001, The Changing Earth: Exploring Geology and Evolution, Brooks/Cole

Nield, T., 2007, Supercontinent: Ten Billion Years in the Life of Our Planet, Granta Books

Pickering, K. T., and Owen, L. A., 1997, An Introduction to Global Environmental Issues (2nd edition), Routledge

Pinet, P. R., 1996, Invitation to Oceanography, West Publishing Co.

Press, F., and Siever, R., 2001, Understanding Earth (3rd edition), W. H. Freeman.

Redfern, R., 2000, Origins: The Evolution of Continents, Oceans and Life, Cassell & Co.

Southwood, R., 2003, The Story of Life, Oxford University Press

Stanley, S. M., 1989, Earth and Life Through Time (2nd edition), W. H. Freeman

Stewart, I., 2005, Journeys from the Centre of the Earth, Century

Stow, D. A. V., 2004, Encyclopedia of the Oceans, Oxford University Press

Stow, D. A. V., 2005, Oceans: An Illustrated Reference, University of Chicago Press

Thurman, H. V., and Trujillo, A. P., 1999, Essentials of Oceanography (6th edition), Prentice Hall

Tudge, C., 2000, The Variety of Life: A Survey and a Celebration of All the Creatures That Have Ever Lived, Oxford University Press

Van Andel, T. H., New Views on an Old Planet: A History of Global Change, Cambridge University Press

Walker, G., and King, D., 2008, The Hot Topic: How to Tackle Global Warming and Still Keep the Lights On, Bloomsbury

Wilson, E. O., 1992, The Diversity of Life, Penguin

Zalasiewicz, J., 2008, The Earth After Us: What Legacy Will Humans Leave in the Rocks? Oxford University Press

词汇表

适应辐射（adaptive radiation） 在一个基因库中，适应性最强的基因最终会演化出多个种。这是自然选择的结果。

厌氧的（anaerobic） 指某些生物的呼吸不需要氧气。

缺氧的（anoxic） 指环境中氧气含量极低。

节肢动物（arthropod） 节肢动物门的动物，特征是身体分节，体外覆有硬壳（外骨骼）。昆虫和甲壳类动物都是节肢动物。

软流圈（asthenosphere） 岩石圈以下，地幔最上方高温、柔软的区域。

玄武岩（basalt） 深色、细粒的岩浆岩，含有大量铁镁硅酸盐。是洋壳的最主要组成物质。

测深（bathymetry） 测量海洋深度，目的是勾勒出海底地形。

底栖（benthic）（生物）在海洋底部生活。

黑页岩（black shale） 富含有机质的沉积岩，主要在缺氧环境中形成。

黑烟囱（black smoker） 深海热泉，主要出现在洋中脊或弧后盆地（岛弧靠大陆一侧的深海盆地）。

底层水（bottom water） 因密度较大而沉到洋底的水体。

角砾岩（breccia） 粗粒的沉积岩，主要由角状岩石碎片、细粒基质和矿物胶结物组成。参见“砾岩（conglomerate）”。

钙质的（calcareous） 由碳酸钙组成的。

碳酸盐补偿深度（carbonate compensation depth，ccd） 海洋中的某一深度，在此深度之下，由碳酸钙组成的物质都溶解了，无法沉降到海底。

新生代（cenozoic） 地质年代中最近的一个代，从6500万年前延续到现在。

头足纲动物（cephalopod） 属于头足纲的软体动物，包括乌贼、章鱼、鱿鱼和鹦鹉螺。

脊索动物（chordate） 属于脊索动物门的动物，在其一生中，身体内至少有一段时间出现过鳃裂、脊索和中空的神经索。

碎屑（clast） 岩石、矿物、化石的碎片，是沉积岩的组成部分。

球石（coccolith） 颗石藻等浮游植物体外包裹的细微的钙质硬壳，也是许多白垩岩的主要成分。

砾岩（conglomerate） 粗粒的沉积岩，主要由浑圆的砾石、细粒的基岩和矿物胶结而成。参见“角砾岩（breccia）”。

大陆边缘（continental margin） 大陆至大洋深水盆之间的区域，通常可分为大陆架、大陆坡和大陆基。

珊瑚礁（coral reef） 由珊瑚和海藻遗骸共同组成的礁石，含有碳酸钙和碳酸镁。

地核（core） 地球最核心的部分，从地面以下 2900 千米至地心，主要由铁、镍组成。可分为液态的外地核和固态的内地核。

科里奥利力（coriolis force） 由地球自转而产生的一种力，可以引起风和洋流（以及其他自由运动的物体）的偏斜。

克拉通（craton） 大陆地壳相对古老和稳定的部分。

交错层理（cross bedding） 在风或水的作用下形成的斜交于层系界面的沉积层。

地壳（crust） 地球最外面的圈层，主要由花岗岩（陆壳）和玄武岩（洋壳）组成。厚度为 5 ～ 70 千米。

隐生宙（cryptozoic） 从地球上生命出现到寒武纪开始这段地质时期。英文字面意思是“隐藏的生命”，因为这一时期的生物化石很少见。基本上等同于前寒武纪。

泥石流（debris flow） 突然爆发的携带大量松散的泥沙、巨砾等固体物质的洪流。

密度（density） 单位体积的物质的质量。

剥蚀作用（denudation） 在水、冰、风等作用下，岩石或地表产生的风化。

碎屑（detritus） 沉积物中细小的有机物（动物粪便或遗骸等）或无机物（矿物等）。

硅藻（diatom） 可进行光合作用的单细胞原生生物，属于金藻门。体外有硅质的壳。

岩墙（dike 或 dyke） 又称岩脉，是岩浆沿围岩的裂缝挤入后冷凝形成的侵入体，常呈板状或片状。

腰鞭毛虫（dinoflagellate） 一种可进行光合作用的原生生物，多为单细胞，有两根鞭毛，属于甲藻门。

棘皮类动物（echinoderm） 棘皮动物门的动物，海星、蛇星、海胆、海参和海百合等。

蒸发岩（evaporite） 含盐水溶液蒸发而形成的沉积岩，常形成于封闭的海盆或湖盆中，其中的盐主要是氯化钠和硫酸钙。

科（family） 生物学中的分类单位，由多个属组成。多个科组成目。

断层（fault） 破裂后有显著位移的断裂构造。这种位移经常引发地震。

食物链（food chain） 一群生物之间的捕食关系，食物链每两层之间，下层的生物称为生产者，上层的生物称为消费者。

食物网（food web） 生态系统中由多条食物链构成的复杂的捕食关系。

有孔虫（foraminiferan） 一种像阿米巴虫一样的单细胞原生动物。多数有孔虫有碳酸钙形成的外壳。

断裂带（fracture zone） 高度不规则的断裂地貌的线性地带。通常垂直于洋中脊，也称为转换断层。

辉长岩（gabbro） 深色、粗粒、有斑点的火成岩，形成于地壳深部，主要由斜长石和辉石组成。化学成分与玄武岩类同。

软体动物（gastropod） 腹足纲的动物，如蜗牛、帽贝、鲍鱼等。

冈瓦纳大陆（gondwana） 地球上的一个古大陆，是现在许多大陆的前身，包括南美洲、非洲、南极洲、澳大利亚、印度、南欧、阿拉伯半岛及佛罗里达。

花岗岩（granite） 一种浅色、粗粒的火成岩，形成于地壳深部，主要由石英和长石组成，是陆壳上的主要岩石。

温室效应（greenhouse effect） 由于二氧化碳、甲烷等气体（即温室气体）增多，导致全球变暖。

墨西哥湾暖流（gulf stream） 在加勒比海形成的温暖洋流，流向北大西洋和欧洲西北部。

涡流（gyre） 地球自转引起的大范围水体循环流动，在北半球是顺时针流动的，而在南半球是逆时针流动的。

热点（hotspot） 在软流圈和岩石圈中，岩浆融化和上涌的某些区域。在其上方，火山活动频繁。

碳氢化合物（hydrocarbon） 即烃，碳、氢组成的有机物，是石油和天气的主要成分。

海底热泉（hydrothermal vent） 海底的开口，会喷出大量高热的富含金属的水。常见于洋中脊。

冰室效应（icehouse effect） 在冰期，由于地面反照率升高，导致全球气温下降。

火成岩（igneous rock） 岩浆（熔融的造岩矿物）冷

却并结晶而形成的岩石。三大类岩石之一。

间冰期（interglacial period） 大冰期中相对温暖的时期，冰川会发生退缩。

岛弧（island arc） 位于大陆边缘与海沟平行的火山岛链，是板块俯冲时岩石圈发生部分熔融而形成的。

同位素(isotope） 质子数相同、中子数不同的化学元素。

磷虾（krill） 一种虾，甲壳纲，磷虾目。

劳亚古陆（laurasia） 曾出现在北半球的一块古陆，演化成今天的北美洲、格陵兰岛、欧洲和亚洲。

熔岩（lava） 喷出地球表面的岩浆。

地层层序律（law of superposition） 在层状岩层（沉积岩）的正常序列中，位于下方的岩层必然比上方的岩层形成时间早。前提是没有发生过岩层倒转。

石化作用（lithification） 松散的沉积物经过压实形成沉积岩。

岩石圈（lithosphere） 地球外部相对低温、易破碎的圈层，包括地壳和上地幔，厚度约 100 千米。

滨海带（littoral zone） 海陆交互地带，位于高潮和低潮之间。

岩浆房(magma chamber） 地下储存熔融岩浆的构造。

地磁倒转（magnetic reversal） 地磁南极和北极完全倒转。目前认为倒转周期并无规律。

红树林（mangrove） 在热带和亚热带海岸线密集生

长的一种耐盐植物（乔木或灌木）。

地幔（mantle） 地球内部位于地壳与地核之间的构造层，由铁镁质和硅镁质矿物组成。

地幔柱（mantle plume） 源自地下深处稳定的岩浆柱，上升到地表后会形成火山或玄武岩质的高原。地幔柱上方的区域称为“热点”。有些地幔柱寿命很长，并且能喷发大量火成岩，称作“超级地幔柱”。

大灭绝（mass extinction） 在相对较短的地质时期内发生的大规模、灾难性的物种灭绝。

混杂岩（melange） 不同来源的岩石组成的混合体。

中生代（mesozoic） 2.45 亿年前到 6500 万年前的地质时期，包括三叠纪、侏罗纪和白垩纪。

变质岩（metamorphic rock） 原先存在的岩石，经高温、高压或与化学流体发生反应形成的新岩石，3 类主要岩石之一。

洋中脊（mid-ocean ridge） 沿洋底裂缝形成的很长的山脉，岩浆在此喷出。是海底发生扩张和新洋壳形成的地方。属于分离板块边界。

米兰科维奇旋回（milankovitch cycle） 地球自转和公转过程中，轨道不断发生微小偏移，使全球气候以 2 万、4 万、10 万年为周期发生变化。

矿物（mineral） 具有一定结构的天然无机物晶体，有各自的物理性质和相对固定的化学成分。

莫霍洛维奇不连续面（mohorovicic discontinuity） 简称莫霍面，一个高密度的不连续面，是地壳与地幔的分界线。

季风（monsoon） 区域性的风，随季节变化有规律地改变风向。多见于南亚和东南亚。夏季的季风常伴有暴雨。

生境（niche） 生物栖息的场所。

洋壳（oceanic crust） 地球表面位于海洋下的圈层，厚度约 5 ~ 10 千米，主要由玄武岩、辉绿岩和辉长岩构成，常覆有沉积层。

大洋门户（oceanic gateway） 洋盆之间的屏障，其中有深而窄的通道，可进行水体交换。

含油圈闭（oil trap） 又称油捕，沉积岩中的一种构造，能够聚集石油，并阻止其继续运移。

蛇绿岩（ophiolite） 一系列火成岩组成的岩套，侵入到大陆的大洋岩石圈的片段。由下至上依次为橄榄岩、辉长岩、席状辉绿岩岩墙和枕状玄武岩。

目（order） 生物学分类级别，比科高一级。

造山运动（orogeny） 一系列形成山脉的地质运动，包括褶皱、逆冲褶皱、抬升。

古海洋学（palaeoceanography） 研究古代海洋（它们的位置、特点……）的学科。

古生代（palaeozoic） 5.45 亿年前到 2.45 亿年前的地质时期，包括寒武纪、奥陶纪、志留纪、泥盆纪、石炭纪和二叠纪。

泛大陆（pangaea 或 pangea） 又名盘古大陆或联合古陆，晚古生代到早中生代的一块超级大陆，是现在所有大陆的前身。

泛大洋（panthalassa） 晚古生代到早中生代，围绕着泛大陆的全球范围的古海洋。

远洋带（pelagic） 远离海岸的开阔海域。

显生宙（phanerozoic） 从 5.45 亿年前到现在的地质时期，包括古生代、中生代和新生代。

光合作用（photosynthesis） 某些生物，通常是绿色植物（包括藻类）吸收光能，把二氧化碳和水合成有机物，同时释放氧的过程。

门（phylum） 生物学分类级别，比纲高，比界低。

浮游植物（phytoplankton） 可进行光合作用的微小植物，生活在海洋表面。

枕状熔岩（pillow lava） 外形有些像枕头的玄武岩，是熔岩在水下快速冷却形成的。

浮游生物（plankton） 浮游植物和浮游动物的统称。

浮游生物爆发（plankton bloom） 浮游生物的突然、快速繁殖，导致水体表面堆积大量浮游生物。

板块构造论（plate tectonics） 一种地质学理论，认为地表的板块是在相对运动的。在 20 世纪 60 ~ 70 年代得到认可。

深成岩体（pluton） 大型的、形状不规则的火成岩体，属侵入岩。

种群（population） 某一区域内某物种的个体数量。

初级生产者（primary producer） 又称作自养生物。食物链中的绿色植物或者能进行光合作用和化学合成的细菌等生物，其他生物都直接或间接以它们为生。

初级生产力（primary productivity） 自养生物把无机质转化成有机质的数量。

放射性衰变（radioactive decay） 一个原子自发地放出一个或多个粒子，变成另一种原子。可分为 α、β 和 γ 衰变。

放射虫（radiolarian） 一种原生动物，外壳硅质，用伪足捕猎。

红砂岩层（red beds） 含铁的沉积岩系，陆相成因。

海退（regression） 海平面相对下降，陆相沉积会覆盖在海相沉积上。

储集岩（reservoir rock） 具有联通孔隙，能使流体储存并在其中渗透的沉积岩层。能够存储油气。

裂谷（rift valley） 沿着洋中脊发育的山谷，是在海底扩张过程中由拉伸应力形成的。也出现在陆壳中。

盐度（salinity） 海水中各种盐的总量，通常用质量千分比表示。

盐丘（salt dome） 盐侵入沉积层后，形成柱状的构造，通常会使地层变形，形成背斜。

盐田（salt pan） 沿海蒸发量大的地区，一些较浅的盆地，海水被太阳晒干后，盐会沉积下来。（译者注：正文中未

出现此条目）

海草（sea grass） 一类海生植物，结构非常像陆地上的草。

海冰（sea ice） 海水冻成的冰。

海底扩张（sea-floor spreading） 在洋中脊的顶部生成洋壳，同时板块分离的过程。

海底山（sea mount） 从海底高耸但未突出海面的山。一般由死火山形成。

沉积物载荷（sediment load） 风、水或冰中携带的沉积物总量。

沉积盆地（sedimentary basin） 在某一区域堆积的较厚（1 ~ 15 千米）的沉积物，陆上和海底均可出现。

沉积循环（sedimentary cycle） 沉积物形成、搬运、沉积、压实和胶结后形成沉积岩。之后经过风化、剥蚀，又变成沉积物，再次经历同样过程。

沉积岩（sedimentary rock） 沉积物经压实和胶结后形成的岩石。3 类岩石之一。

地震的（seismic） 与自然或人工地震有关的。

地震测量（seismic surveying） 利用声呐、爆炸装置和测量设备测量自然或人工地震。

有性繁殖（sexual reproduction） 一个父体和一个母体分别提供的性细胞融合后产生后代的行为。

陆架海（shelf sea） 位于大陆架边缘，大陆坡之上的浅海。

硅酸盐矿物（silicate） 以二氧化硅为主要成分的矿物。

硅酸盐（siliceous） 以二氧化硅为主要成分的物质，通常指生物成因的（由硅藻、放射虫等形成）。

滑坡（slide） 土体或基岩沿着一个或几个滑动面整体向下滑动。在陆上或水下均有发生。

崩塌（slump） 斜坡上的岩块骤然脱离基岩，快速下滑。

物种（species） 一群可以交配并繁衍后代的个体。

扩张中心（spreading centre） 即洋中脊，海底就是从这里扩张的。

地层学（stratigraphy） 地质学的一个分支，研究沉积岩中各岩层的年龄关系，以及所含化石的出现顺序。

俯冲作用（subduction） 洋壳向地幔潜入的过程。通常会产生很深的海沟。

俯冲带（subduction zone） 发生俯冲作用的地区。

海底峡谷（submarine canyon） 海下很深、很陡的“v”字形峡谷，常切过大陆架和大陆坡的岩石和沉积物。

海底扇形地（submarine fan） 堆积在大陆坡下面的锥状沉积体，其沉积物主要由一条河流或三角洲供给。

沉降（subsidence） 在板块构造力的作用下，地壳的某些部分下降。

超级地幔柱（superplume） 见“地幔柱”。

共生（symbiosis） 两种不同的生物共同生活。

碎屑堆积坡（talus slope） 陆上或海中堆积了风化或剥蚀碎屑物质的斜坡。

构造抬升（tectonic uplift） 在板块构造力的作用下，地壳发生抬升。

特提斯洋（tethys ocean） 古代的一个大洋，分开了冈瓦纳大陆和劳亚古陆，是本书的主题。

温盐环流（thermohaline circulation） 由于海水温度和盐度不同而引发的全球洋流运动。

微量元素（trace elements） 含量很低的化学元素，通常低于 10^{-6}。

转换断层（transform fault） 沿着板块边缘的断层。

海进（transgression） 又叫海侵，海岸线向陆地内部推进的现象，会导致海洋沉积物覆盖在陆相沉积物上。

海沟（trench） 狭长而深的地质凹陷，通常与火山弧伴生，是板块碰撞或沉降的标志。

海啸（tsunami） 破坏性的海浪运动,通常由地震引发，也可能由海底滑坡或火山喷发造成。

浊积岩（turbidite） 浊流沉积物形成的各种沉积岩，具典型层理。

浊流（turbidity current） 含有大量沉积物，快速流动的水体。有时从大陆架边缘到深海可运移数百千米。

上涌（upwelling） 水体缓慢地从海洋深处升到海面。能促进营养物质和有机物循环，从而使海面的初级生产力得以提高。

浮游动物（zooplankton） 随水流漂动的微小动物，如有孔虫、放射虫等。

虫黄藻（zooxanthellae） 生活在珊瑚组内的一种海藻，与珊瑚形成共生关系。